零基础 学养殖

轻松学养肉兔

任永军 主编

肉兔养殖入门，看这本就够了！

U0370264

中国农业科学技术出版社

图书在版编目（CIP）数据

轻松学养肉兔 / 任永军主编 . —北京：中国农业科学技术
出版社，2014.6
ISBN978-7-5116-1582-4

Ⅰ.①轻…　Ⅱ.①任…　Ⅲ.①肉用兔－饲养管理
Ⅳ.① S829.1

中国版本图书馆 CIP 数据核字（2014）第 059526 号

责任编辑　张国锋
责任校对　贾晓红

出 版 者　中国农业科学技术出版社
　　　　　北京市中关村南大街 12 号　邮编：100081
电　　话　（010）82106636（编辑室）（010）82109702（发行部）
　　　　　（010）82109709（读者服务部）
传　　真　（010）82106631
网　　址　http://www.castp.cn
经 销 者　各地新华书店
印 刷 者　北京富泰印刷有限责任公司
开　　本　880mm×1 230mm　1 /32
印　　张　6.25
字　　数　192 千字
版　　次　2014 年 6 月第 1 版　2014 年 6 月第 1 次印刷
定　　价　22.00 元

编写人员名单

主　　编　任永军

副 主 编　郭志强　李丛艳

编写人员

邓小东　邝良德　李　勤　任永军

李丛艳　李连任　李　童　闫益波

沈爱梅　张旭刚　张翔宇　张翠霞

郑　洁　杨　超　郭志强　黄家春

湛琳丽　雷　岷

前　言

家兔养殖在我国有着悠久的历史，但是，我国家兔养殖从家庭副业步入畜牧产业的时间（1985年）晚于猪、禽、牛、羊。近年来，家兔（尤其是肉兔）生产的增长速度明显高于其他畜禽，家兔产业已成为我国最具活力的新兴畜牧产业之一。

进入21世纪以来，兔肉营养知识得到大力宣传，消费者逐渐认识到兔肉具有"高赖氨酸、高蛋白质、高消化率、低脂肪、低能量和低胆固醇"的营养特性，兔肉消费需求增长强劲，市场潜力巨大，养殖效益良好。在此背景下，众多农民朋友，特别是中西部贫困地区的农民朋友加入了肉兔养殖的行列，国家也将发展肉兔产业作为农民脱贫致富的好项目加以引导和扶持。当前，从事肉兔养殖的农民文化程度偏低，学习和掌握肉兔养殖技术能力较差，严重制约了养殖效益的提高。当下，市面上关于肉兔养殖的书籍不少，但缺乏针对文化程度较低特别是初学肉兔养殖这些特定读者群体的养殖图书。为此，我们编写了《轻松学养肉兔》这本书。本书语言简洁、通俗易懂、图文并茂，以期使读者能够"一看就懂、一学就会"，在轻轻松松中掌握肉兔养殖技术。

本书将轻松学养肉兔的原则贯穿始末，从养肉兔入门需要了解的信息和条件，到肉兔生产需要的笼舍建设、粪污处理、品种选择、饲料营养、饲养管理和疫病防治等方面的知识和技术进行了系统介绍。全书充分参考了多年来国内外肉兔研究领域的成果，吸收了国家兔产业技术体系等项目的最新进展，采纳了国内部分养殖场生产管理的实践经验，顺应了肉兔从业人员的技术需求，既有利于指导初入肉兔行业者建场及生产管理，也有利于提升已从事肉兔养殖业者的实际操作及管理水平，提高养殖户抵御市场风险的能力，增加收入，促进我国肉兔产业可持续发展。

参加本书编著的人员，大多是直接从事肉兔科研、开发、生产和管理一线的科技工作者，不仅有深厚的专业理论基础，还有丰富的实践经验。在撰写过程中，力求做到通俗易懂，操作性强，内容广泛。但是，因编写人员多，时间短，水平有限，书中难免有遗漏和错误，望广大读者提出宝贵意见。

编者
2014 年 1 月

目　录

第一章
养肉兔新手入门须知

第一节 我国肉兔产业的发展状况与趋势

2011 年我国家兔存栏 21 695.42 万只，出栏家兔 47 470.36 万只，生产兔肉 73.08 万吨，出口约 1 万吨，兔肉产量占全世界产量的近 40%，是世界第一大兔肉生产国。世界十大兔肉生产国分别为中国、委内瑞拉、意大利、朝鲜、埃及、西班牙、法国、捷克、德国和俄罗斯。从全球来看，亚洲兔肉生产一直稳步增长，欧洲兔肉年产量从 2002 年到 2004 年有所下滑，近 5 年稳定在 50 万吨左右，美洲稳定在 26 万吨左右。总体来看，发达国家兔肉生产在基本保持稳定的前提下略有下降，发展中国家肉兔生产增长迅速。

一、我国肉兔市场状况

我国是世界第一养兔大国，近 10 年来兔肉产量快速增加，2013 年约达 75 万吨。全国各省区市均有家兔养殖，但养殖分布不均匀，地域性明显。据《中国畜牧业年鉴》统计数据，2011 年全国家兔出栏前十位的省区市分别是四川、山东、河南、江苏、重庆、河北、福建、新疆维吾尔自治区（以下称新疆）、吉林和湖南。其中，排名全国第一的四川省出栏 18 653.47 万只，占全国同期出栏的 39.29%；山东省排名第二，出栏 5 812.98 万只，占全国的 12.25%。四川和山东省年出栏量占到全国出栏的一半以上，排名前十省份的出栏量占全

国总出栏量的90.72%。家兔养殖较多的地区还有浙江、山西和广西壮族自治区（以下称广西）等省区（表1-1）。其他省区市家兔养殖相对较少。

按照生产产品不同，家兔可分为肉兔、獭兔和毛兔，其中肉兔养殖在我国家兔养殖中占据主导地位，獭兔其次，毛兔较少。据2012年国家兔产业技术体系调查，2011年末我国肉兔、獭兔和毛兔存栏比例分别为62.80%、29.20%和8.00%，全年出栏比例分别为73.30%、26.50%和0.19%。肉兔养殖在我国有着悠久的历史，清乾隆四十年（公元1775年），四川隆昌县志就记载"隆中人烟辐辏，野兔绝少，人家有畜皆白兔"。尽管在毛兔热和獭兔热时期，肉兔饲养受到一定冲击，但就整个家兔产业而言，肉兔始终占据主导地位。近年来，在国家西部大开发和发展草食家畜的政策扶持和引导下，肉兔优势产区持续发展，区域化生产趋势日趋明朗，川渝、华北地区和江浙地区等优势产区地位进一步巩固，原来相对落后地区如广西、湖南、吉林、云南等也加速发展，形成了全国大力发展肉兔的局面。

表1-1　2011年全国十大家兔生产省区市出栏量统计（万只，%）

项目	全国	四川	山东	河南	江苏	重庆	河北	福建	新疆	吉林	湖南
出栏量	47470	18653	5812	4039	3912	3870	2932	1850	813	605	582
比例	100	39.29	12.25	8.51	8.24	8.15	6.18	3.90	1.71	1.27	1.22

二、我国肉兔产业发展趋势

近年来，国家大力支持草食畜牧业发展，制定了全国节粮型畜牧业发展规划（2011—2020年），提出了"深入贯彻落实科学发展观，按照"抓规模、提效益、促生产、保供给"的思路，加快转变节粮型畜牧业发展方式，加大政策扶持力度，着力推进现代节粮型畜牧业发展，加强市场引导，因地制宜发展绒毛羊、兔、鹅等优势特色畜禽生产"的发展思路，出台了一系列扶持政策和措施。在惠农政策扶持和引导下，我国肉兔产业发展出现了一些新趋势。

（一）区域化发展优势明显

四川、山东和重庆等地是我国肉兔生产的传统优势产区。目前，上述地区肉兔产业发展速度明显加快，地方政府扶持力度加大，民营企业投资热情高涨，传统散养户也纷纷扩大规模。我国已形成川渝、华北、华东和华南几个主要肉兔产区，吉林、广西、陕西和新疆等地肉兔产业发展也较快。

（二）肉兔标准化养殖发展提速

肉兔标准化养殖是大势所趋，不可逆转。如四川省和重庆市在推进肉兔产业标准化方面制定了一些优惠政策，开展了肉兔标准化示范场的创建工作，推动了川渝肉兔产业向标准化养殖的转型。肉兔养殖企业和规模养殖场（户）也已充分认识到了发展标准化养殖的重要性、必要性和紧迫性，标准化养殖发展步伐加快。

（三）肉兔养殖组织化程度提高

"团结就是力量"，农户在养殖过程中逐渐认识到只有组织起来，才能提高与政府、饲料、兽药、收购、加工、销售等环节的谈判力，增加自己的话语权，争取养殖链条中的各环节利益分配机制的合理化，发挥规模养殖效益。农民自发成立各种形式的养兔合作社、养兔协会等组织，通过网络了解市场行情，及时调整生产，应对市场波动，获得地方政府的重视，争取政府扶持政策。

（四）设施设备现代化进程加快

肉兔养殖标准化发展最重要的环节就是养殖设施设备的现代化。肉兔养殖新技术的应用必须有现代化的设施设备支撑，肉兔养殖生产效率的提高和人工劳动强度的减少也需要机械化、自动化的设备支撑。

（五）肉兔完整产业链开始形成

在激烈的市场竞争中，企业逐渐认识到只从事肉兔产业的一个环

节，经营活动容易受到上下游市场波动影响，为了获取更大利益，企业越来越重视整个产业链，逐步向养殖 - 屠宰加工 - 销售一体化的方向发展，普遍采用"公司＋基地＋农户"的模式，实现与农户利益共享、风险共担，开拓市场和引导生产的功能不断增强，辐射带动作用日趋明显。在产业链条中，企业和农户充分发挥各自优势，优势互补分工协作，有助于增强产业抵御市场风险能力，提高产业的市场综合竞争力，实现互惠双赢，同时也将促进整个肉兔产业的快速发展。

（六）科技对产业发展的支撑力度增强

近年来，随着国家越来越重视草食畜牧业，很多地方把发展肉兔养殖作为重要的畜牧工程来抓，制定了优惠扶持政策，如四川部分县市和重庆开县等在肉兔笼舍建设和引种上给予补贴，调动了农民养殖的积极性，且通过扶持政策引导肉兔养殖向规模化、集约化和标准化方向发展。在科研上，国家也加大了投入，实施了家兔公益性行业科研专项和国家兔产业技术体系两大项目；在体制创新上，部分省市成立了家兔产业链创新联盟；在国家加大科技经费的投入下，在创新联盟的协作下，我国肉兔科研水平大幅度提高，取得了不少科研成果，这些成果在肉兔产业中的应用，必将提高中国兔业的科技水平，为肉兔产业的健康发展提供强有力的技术支撑。

尽管我国肉兔养殖从家庭副业步入畜牧产业的时间晚于猪、禽、牛、羊、蜂，但家兔（尤其是肉兔）生产增长速度明显高于其他畜禽，肉兔产业已成为我国最具活力的新兴畜牧产业之一，前景广阔。

第二节　养肉兔的经济效益与风险

一、养肉兔的经济效益

肉兔养殖的最终目的是获得经济利益，在激烈的市场竞争中，要想获得利润，就必须清晰地认识肉兔生产经济活动及其发展规律，及时地改变经营管理策略，提高养殖效率。生产利润的主要指标和计算方法如下：生产利润总额＝总收入－总成本；产品销售利润＝产品销售收入－生产成本－销售费用；产值利润率（％）＝（利润总额／产品产值）×100；资金利润率（％）＝利润总额／（固定资产平均值＋流动资金平均占有额）×100；产品销售收入利润率（％）＝（产品销售利润／产品销售收入）×100。以商品兔场为例，全年采用自然交配与人工授精相结合的配种方式，母兔采用全价饲料与青草相结合的饲养方法，能繁母兔按90％配种率计算，每只母肉兔年产仔约7胎，胎均产活仔按7只计算，断奶成活率按90％计算，3个月龄出栏成活率按85％计算，每只种母兔年均提供出栏育肥肉兔约33只。

二、养肉兔的风险

近年来，肉兔养殖业已成为我国养殖业中不可分割的一个新兴特色产业，肉兔养殖有较高的经济效益，但也存在风险。清楚认识肉兔养殖业的效益与风险，有助于养殖户合理规避风险，提高经济利益。由于部分不道德的投机者，为了获得经济利润，不惜以虚假的广告、宣传、信息来欺骗饲养者。因此，认识肉兔养殖业的风险还有助于养殖户辨别虚假的广告和宣传，有效防范不法投机者的误导。首先，品种是肉兔养殖面临的第一大风险，生产用的肉兔是否优良是肉兔养殖的先决条件，是肉兔场发展壮大的基础。优良种兔的生长、繁殖和抗逆性能均较高，断奶重可达到800克以上；劣质品种的生产性能只有优良品种的一半，经济效益无从谈起。其次，饲养技术也是肉兔养殖的重要风险，饲养管理技术是肉兔养殖成败的关键。不管是现有的养兔场或新办兔场，如果缺乏饲养知识和技术，采用传统落后的饲养方式，就算拥有优良的种兔，也产生不了好的经济效益，因为落后的饲养管理技术无法将优良种兔的生产潜能发挥出来。第三，是市场风险。目前肉兔市场缺口大，供不应求，但是要讲没有市场风险是错误的。如果当地没有加工企业，又没有外销渠道，一旦大发展，出现养殖热，在本地市场极度饱和时，价格会急剧下降，甚至跌到养殖成本以下。肉兔消费市场，无论是国内还是国外，都有一个需求的标准。优质肉兔进入市场肯定畅销，但劣质兔肉的市场风险必然存在。这些风险相互之间还存在联系，一个风险没处理好，可能带来其他的风险，导致养殖户遭受经济损失。规避和降低风险是肉兔养殖必须重视的大事，更是欲投入养兔业的人士所应注意的首要问题。有效降低风险，应从引种做起，把好引种关，引进优良品种。其次是要系统学习和掌握科学饲养管理技术，肉兔养殖并非社会上所说的那么容易，而是需要具有一定的饲养管理技术，通过技术培训才能开始饲养。还有就是要通过有效的宣传，积极开拓市场，制定符合自己当地情况的经营策略，大力进行相关宣传。要有效运用现代营销方法，深入社区宣传。让消费者从健康、风味等方面重新认识兔肉。

第三节　养肉兔应具备的基本条件

一、人才是搞好现代肉兔生产的先决条件

家兔是草食动物，其特殊的生理特性和生活习性，对饲养人员的依赖性较强。另外，与其他畜种相比，肉兔的饲养规模和标准化程度较低。因此，除严格的饲养管理、防疫卫生以及经营管理制度外，需要大量的专业技术人员全程监控生产。相应地，肉兔企业的管理和产品的销售也需要专业人员管控。经济利益是进行规模化生产的最终目的，但随着规模的扩大，风险也在扩大，即效益与风险并存。因此，懂得养兔技术的专业技术和管理人员才是打造现代肉兔产业链的先决条件。

二、要有足够的资金保障

肉兔规模化养殖生产所需资金较多，农户应根据资金情况来确定

饲养规模。资金量大的，规模可大些；资金量小的，宜小规模起步，滚动发展。肉兔养殖是农村广大人民群众增收致富的一条途径，但因农村经济基础差，养兔所需的资金投入又大，资金的短缺制约着农村山区的肉兔养殖业的发展。肉兔养殖从质量上和数量上都发展较慢，没有形成一定的规模，效益并不明显。因此，需加大政府部门对发展肉兔产业的重视；加大资金投入扶持力度，建设一批肉兔养殖示范村，示范户，从资金技术上给予扶持。把肉兔产业做强做大，形成农村经济发展的支柱产业，必须因地制宜，进行合理科学的饲养，不断总结经验，解决和完善肉兔养殖中存在的问题，才能推进农村肉兔养殖业的发展。

三、要有充足的饲料

规模化肉兔养殖，必须有相应的饲养条件作保证，才能充分发挥良种兔的生产潜力，降低投入产出成本，获得最大效益。饲料是肉兔业发展的基础，饲料不足将制约肉兔养殖的发展。规模化养殖应以机械加工的全价配合料为主。同时应对种兔补充适量的优质青饲料，以提高种兔繁殖成绩，降低饲养成本。为了解决肉兔养殖饲料的问题，可推广种植速生高产优质牧草。

第四节　选择适合自己的经营模式

我国肉兔饲养具有历史悠久、品种繁多、地域宽广等特点，尤其在资金投入、技术水平和管理能力的不同，生产形式呈现出多样化，已经由传统的家庭散养发展到规模化笼养，随着生产技术的发展和管理水平的提高，以及国内外市场的需求，出现了以专门规模化商品为主的工厂化生产形式，并且发展迅速，成为当今商品化生产发展的新方向。

一、适度规模生产

所谓适度规模，就是兔场规模的大小，一要根据兔场的技术和管理水平，以及自身条件等决定；二要结合市场供需状况决定，两者必须统筹兼顾。只有经营方向正确，规模适度，才能最大限度地提高劳动生产率和资金利用率，取得最佳经济效益。长期以来，我国肉兔生产一直以农户散养为主，生产效率低下，经济效益不明显，严重制约着肉兔产业的发展。因此，兔场的规模一定要与市场需求量和技术管理、设备的先进程度等相对应，着重强化选育，把好种兔质量关，合理销售，逐步扩大规模，稳步发展。

二、规模化生产

养殖规模是指养殖数量，是一个相对概念，随着科技进步、经济繁荣和社会发展而不断变化，具有显著的时代特征。我国养兔业发展到今天，肉兔养殖取得了丰硕成果，养殖数量和兔产品产量，跃居世界首位。规模化养殖，既要考虑兔场基础种兔和向社会提供兔产品的数量，还要考虑经济效益状况。对于肉兔来说，规模化兔场主要是指那些在单位种兔或单位面积的兔舍内，集中投入较多的人力、技术和资金，获取单位兔高产出时的大规模的集约化兔场。规模养兔更有利于推动科技进步，从而促进养兔效益的提高，推动规模经营的发展，进而推动科学技术广泛应用，如此才能形成一个良性循环。而且，规模化养兔有利于抵御市场风险，具有较强的市场承受能力。当市场行情波动时，一方面可以选优去劣，压缩规模，提高种群质量和生产性能，降低生产成本；另一方面，可以通过产业链内部不同环节之间的利益再分配，以丰补歉，共渡难关，将生产波动和损失降低到最低。

三、专业合作社运营生产

随着市场经济的快速发展，在生产中出现了养殖者自行组织成立的协会或者专业合作社，由十几户到几百户不等组成。这种模式优点如下。

① 统一生产计划，合作社根据市场需求和本社实际情况，统一制定年度生产计划，各养殖户与合作社签订生产合同，按计划落实生产。

② 统一供应饲料和种兔，合作社根据生产需求和技术要求，统一为各养殖户采购种兔和饲料，通过规模采购，减少养兔生产成本。

③ 统一技术指导，合作社实行管理技术人员统一对各养殖户进行养兔技术指导和管理，解决了农民在养兔技术上的后顾之忧。

④ 统一销售加工，合作社可以通过扩大销售网络，降低销售费用，提高产品的附加值，还可以提高各养殖户抵抗市场的风险能力。

其缺点是这种组织结构比较松散，约束力也不够强，容易产生各种矛盾。

四、工厂化生产

工厂化生产不只是饲养规模的大幅度扩张，只有掌握真正意义上实现肉兔集约化和工厂化生产的核心技术，才能实现真正的工厂化。工厂化生产主要包括：基础设施及饲养设备的标准化，肉兔品种的标准化，生产模式的标准化和高效化，饲料以及饲喂方式的标准化，环境控制的标准化，疾病预防控制体制的科学化等。通过集约化、工厂化核心技术的应用，实现肉兔生产的高效率、高效益。其好处具体表现如下：首先，工厂化养兔可以饲养优良品种。品种的优劣直接关系到养兔的效益，不同品系、兔群之间生产性能差异较大，饲养成本大致相同，产生的效益却大有差别，多数优良品种的饲养需要一定的条件，工厂化的养殖能调整饲养状况，为良种兔提供良好的生长环境。其次，工厂化养兔可以充分发挥生产潜力。工厂化养兔在生产上采用

科学饲养管理、合理搭配饲料、科学饲喂，达到提高母兔繁殖率、仔兔成活率以及预防疾病，减少发病和死亡率的目的。再次，工厂化养兔可以节约饲养成本。工厂化养兔考虑到家兔生长发育、繁殖过程中对营养有不同的要求，多采用营养全面的颗粒饲料，自然比单一饲料饲喂效益要高。而且工厂化养兔可以确保饲料利用率，减少饲料浪费、工厂化养兔能及时把握好市场行情，调整养殖规模，让生产与市场相结合，为养兔业的可持续发展提供了条件。

第二章
肉兔场的选址和规划

兔场是兔群进化、生态和行为反应,生长、繁殖的一切外界条件,合理、规范、良好的兔场环境对养好肉兔十分重要。兔场的场址选择、设计和建造要适应肉兔的生物学特性和畜牧食品安全生产要求,只有创造适宜的环境条件,才能使肉兔生长快、少患病、产仔多、成活率高。

第一节　肉兔场建设

一、选址原则

兔场场址的选择恰当与否,直接关系到养兔生产及对环境的污染等。在选址上不仅要注意地下水情况、主导风向、地表水源(如河流、沟渠、池塘)等自然因素,还必须注意交通、居民区、工厂、屠宰加工厂等社会因素。科学合理地选择兔场场址,是轻松养兔至关重要的因素。当然,选择完全合乎要求的场址较困难。我们应当掌握其原则,从肉兔生物学特性出发,根据生产方向、经营特点、饲养规模,饲养管理方式和各地不同的环境因素尽量选择理想场地或将其改造成理想场地。选址时要充分考虑以下几方面的因素。

(一)地势地形

在地势干燥,背风向阳,四周开阔,空气流通,土质坚实,地下

水位低，具有缓坡的北高南低，环境无污染的平坦地方，既适宜建造房舍，又适宜饲草作物种植。若修建在地势过低处，地下水位过高，排水不畅，极易造成潮湿的环境，不利于肉兔体温调节，容易滋生蚊虫，影响兔群健康。地势过高，在冬天容易遭受寒风的侵袭，不利于兔群的健康。另外山区建场应注意山坡的断层、滑坡、塌方等地质结构情况，避开坡地和长形谷地，避免山洪及风雪等自然灾害。

地形应当开阔、整齐和紧凑，不宜选择过于狭长和边角太多的地方建场，以利于合理布置场区的建筑物和各种设施，缩短道路和管线长度。另外，尽量充分利用自然的林带树木、山岭、河川、沟渠等作为场区的天然屏障，以利于兔场的卫生防疫和隔离。

（二）水源水质

兔场生产过程中需要大量水源，除兔群每日饮用水外，还有兔舍笼具等清洁卫生用水、种植饲草作物用水日常生活用水等。水质状况，直接影响兔群及饲养人员的健康，不经处理即能符合饮用水标准的水质为最理想。因此，水源及水质应作为兔场选址的重要因素。兔场水源应清洁无异味，不含过多的杂质，不被细菌、寄生虫和有毒有害物质污染。根据来源、环境条件和存在形式，大致可分为4类。

自来水。自来水可直接用于兔饮用，相对成本较高。

地面水。包括江、河、湖、塘及水库水等，由降水及地下泉水汇集而成，其水质和水量受自然条件影响较大，极易受生活污水和工业废水的污染，但此类水源因来源广、水量足，仍是兔场广泛使用的水源之一。需要强调的是，使用此类水源应经常进行水质化验，以防引发疾病或中毒。一般选择水量大、流动的地面水作为兔场水源。供饮用的地面水须经净化处理和人工消毒。

地下水。地下水为封闭性的水源，不易被污染，主要由降水和地面水经地层的渗滤贮积而成，一般离地面越深，受污染程度越低，也越洁净，是理想的水源之一。但地下水受地质化学成分的影响而含有丰富的矿物质，水质硬度大，甚至有些地区因矿物质多而引起地方性疾病。因此，选择地下水时，应事先分析水质。

降水。常以雨雪等形式降落地面汇集而成，常含大气中的某些杂质和可溶性气体，因而容易受到污染。降水的水质、水量不稳定，收集、贮存困难，所以一般不宜采用。

（三）地质土壤

兔场场地土壤的物理、化学和生物学特性等情况，不仅直接或间接影响兔场中空气、水质和饲草植被等的化学成分或生长状况，还影响肉兔和建筑物。因此，建设兔场时应选择具备透气、透水性强，吸潮性和导热性低，质地均匀和抗压性能强，没有被有机物或有毒物质污染等优点的土壤。地质土壤根据特性，大致分为3类。

沙质土壤。其颗粒间孔隙大，小孔隙少，毛细管作用弱，土壤质地疏松，通透性好，保水性差、蓄水力弱，不耐寒，土温变化较快，不稳定。因此，沙质土壤不宜建造兔场。

黏土。颗粒直径较小，透水透气性弱，吸湿性强，容水量大，地面潮湿，是各种病原微生物、寄生虫、昆虫类等生存和滋生的优良场所，黏土土质抗压性低。因此，此类土壤容易威胁到兔的健康，且容易使建筑物基础变形，缩短使用年限，故不宜建造兔场。

沙质壤土。兼具沙质土壤和黏土的优点，既有毛细血管作用，又有一定数量的颗粒空隙，因此透水透气性好，能保持干燥，导热性小，还有良好的保温性能，有利于兔群的生长健康；沙质壤土的颗粒、强度适中，抗压性能好，符合建筑要求；另外，沙质壤土中空气水分适宜，是饲草植被生长的良好环境。因此，此类土壤是建造兔场最理想的土质。

（四）气象因素

兔场气象因素主要包括温度、湿度、风力、风向、空气质量及灾害性天气情况。肉兔是恒温动物，平均体温38.5~39.5℃，但受环境温度影响较大，其等热区在15~25℃，因肉兔年龄、性别和生理阶段不同，等热区略有差异。肉兔适宜的空气湿度为60%~65%，湿度过高或者过低都极易引起肉兔患疾病，湿度过大会造成病源微生物的

滋生。在确定兔场场址前，必须考察当地的长年气象数据，包括气温日较差和年较差，绝对最高、最低气温，降雨量与积雪厚度，最大风力，长年主要风向、风向频率，日照情况等。

兔场应位于居民区及公共建筑群常年主导风向的下风向，以防兔场生产过程中有害气体及粪污污染大气和地下水，对居民的生活造成侵害。远离化工厂、屠宰场、制革厂、牲口市场等容易造成环境污染的地方，避开其下风方向。

兔场中空气质量对兔生长健康非常重要，也可能影响人的健康。兔舍中有害气体主要来自密集饲养的兔排泄物和生产中的有机物分解（NH_3、CO_2、H_2S 等）。NH_3 主要来自兔粪尿，易溶于水，常被溶解或吸附在潮湿的地面、墙壁和兔鼻黏膜上，刺激黏膜充血，引发呼吸道疾病。当空气中浓度超过每立方米 50 毫克时，即可引起兔呼吸频率减慢、流泪和鼻塞，导致呼吸道病的蔓延；每立方米达到 100 毫克时，则可引发眼泪、鼻涕和口涎显著增多，加剧呼吸道病情，使种兔失去种用价值。CO_2 虽然本身不会引起中毒，但是兔舍空气污浊程度的重要指标，因此，CO_2 浓度常作为卫生评定的一项间接指标。H_2S 由含硫有机物分解产生，当喂给兔丰富的蛋白饲料，而机体消化机能发生紊乱时，造成兔胀气拉稀，从而排出大量的 H_2S，H_2S 浓度过高会影响兔和人的健康。

根据我国有关部门规定，畜舍中的有害气体含量：$NH_3 \leqslant 30$ 毫克 / 米^3；$H_2S \leqslant 10$ 毫克 / 米^3；$CO_2 \leqslant 3500$ 毫克 / 米^3。

（五）社会环境

兔场的社会环境主要指兔场与周围环境的联系，如交通、电力、排污等。兔场最好建在交通便利而且较为安静的地方，因为肉兔胆小怕惊，噪声会造成怀孕母兔流产，哺乳母兔弃仔或者把仔兔吃掉等现象。兔场在生产过程会产生有害气体及排泄物会污染大气和地下水，因此兔场应避开主要交通公路、铁路干线和人流密集来往频繁的市场 500 米以上，距其他畜牧场、兽医机构、肉类屠宰加工厂、居民区 1 500 米以上。同时处于居民区的下风方向，防止兔场污染物污染居民区。

兔场应设在供电方便的地方，机械化程度较高的规模化兔场对电力依赖性较大，如饲料加工、自动供料、自动清粪、补充光照和生活用电等。因此，必须保障电力供应，并自备电源。电力安装容量每只种兔按 3~4.5 瓦计，商品兔按 2.5~3 瓦计。

二、规划与布局

兔场占地面积应本着既节约用地，少占农田不占良田，又满足生产和以后发展留有余地的原则。在设计上应根据兔场的生产方向，兔群的组成和规模，饲养的工艺要求，饲喂、粪污处理等生产流程，当地的地形地貌、自然环境和交通运输等特点进行全场的总体布局。合理分布生产区、生活区、管理区、生产辅助区以及以后发展规划等（图 2-1）。合理的总体布局，有利于开展有序的生产管理，节约基建投资，为发展预留空间可以避免兔场环境污染和人力、物力、财力的浪费。

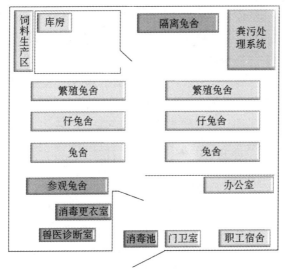

图 2-1　规模化兔场总体布局

从人、兔健康和有利于防疫、组织安全生产出发，建立最优生产联系和卫生防疫条件。兔场应根据地势高低、主导风向合理安排不同功能区。兔场分布原则是：以人为先、排污为后的顺序；风与水，应以风向为主。结构完整的兔场，在功能布局上要求生产区位于生活管理区的下风向，位于生产辅助区的上风向；生产辅助区中粪污处理应符合兽医和公共卫生的要求，与生活区和生产区相对隔离（图2-2）为加强兔舍自然通风，降低兔舍温度和湿度，纵墙应与夏季主风向垂直。生产区四周应设围墙，凡需进入生产区的人员和车辆均须严格消毒，从设立的专用通道进出。场区四周及各个区域之间应设置隔离绿化带，有条件的地方可设防风林。

（一）生活管理区

不仅包括职工生活居住（职工宿舍、食堂、浴室等），也包括与经营管理有关的附属建筑，办公室、会议室、培训室、饲料加工和饲料贮藏间、维修房、配电房和供水设施等，应设在兔场地势较高并处于兔场上风位置。一般建议单独成院，严禁与兔舍联建，要考虑兼具照顾工作和生活便利，又应该与兔舍有一定距离隔开。该区域的经营管理活动与外界联系和接触极其频繁，为防止疫病传播，该区域与生产区隔开，并保持一定距离，与生产区连接处应该设立消毒室、消毒池、更衣室，工作人员进入生产区应消毒，以防止疫病传播。还应当充分考虑到饲料和其他生产资料的供应和运输，饲料原料库和加工房应尽量靠近成品库，饲料成品库应尽量靠近生产区，以缩短运输，减少劳动力。一般要求，管理区与生产区保持200米距离为宜。

（二）生产区

即兔生活区，是兔场的核心区域，对生产区规划应给予全面考虑，一般设在人流较少和兔场的上风口，必要时可设置隔离措施，减少与外界的接触。其建筑物包括种兔舍（种公兔舍和种母兔舍）、繁殖兔舍、幼兔舍、育成兔舍和育肥兔舍等。种兔（核心兔群）舍应设在最佳环境位置；繁殖兔舍靠近育成兔舍，方便转群；幼兔舍和育成兔舍应建在空气洁净、疫病较少的位置，为选育优秀种兔并发挥较好生产性能打下体质基础；育肥兔舍安排在靠近出场口，减少外界运输车辆或人员对兔场深处的疫病传播，同时方便与外界的联系和销售。

（三）生产辅助区

包括兽医室、病兔隔离舍、无害化处理室、雨污处理池及粪污处理池等。该区域是开展卫生防疫、环境保护工作的重点，为防止疫病传播，应建在兔场下风口及地势较低处，并设隔离屏障。生产辅助区与生产区保持距离不少于100米，并单独设出入口，出入口处设置消毒池、消毒室。辅助区道路应分设净道（运送饲料和健康兔）和污道（运送粪便、垃圾、病死兔），严格区分，避免交叉混用。

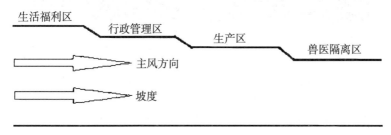

图2-2　兔场地势、方向及各功能区布局

三、养殖设备

（一）饲养设备

1. 兔笼

一般要求造价低廉，经久耐用，便于管理操作，并符合肉兔生理要求，设计内容包括兔笼规格、结构和总体高度等。

（1）根据构件材料分为水泥预制件和金属兔笼

① 水泥预制件兔笼。承粪板、侧墙及后墙均用水泥预制件或砖块砌成，笼门及笼底板由其他材料制成（图2-3）。这类兔笼的优点是构件材料来源较广，施工方便，防腐性能好，消毒防疫方便。缺点

是防潮、隔热、通风效果差。

图2-3　水泥预制件兔笼

　　②金属兔笼。由镀锌铁丝焊接而成（图2-4），优点是结构合理，安装、使用方便，特别是适宜于集约化、机械化生产，方便管理及消毒防疫。缺点是造价高，只适用于封闭式或比较温暖的地方，开放式使用时间较长容易腐锈，必须设有防雨防风设施。

图2-4　金属兔笼

（2）根据构件方式分为活动式、固定式和阶梯式兔笼

① 活动式兔笼。活动式兔笼多为单层设置，少数为双层或3层，现介绍几种，供参考。

单层活动式兔笼。可用木、竹做成架，四周用小竹条或竹片钉制而成，竹片与竹片间的距离为1厘米。这种兔笼较为轻便，可随兔搬动，简单易造，适于室内笼养，但易被肉兔啃食，不耐用。

双联单层式兔笼。在木架或竹架上钉竹条，开门于上方，二笼间设置V字形草架，笼的大小和一般兔笼相同，无承粪板，粪尿直接漏在地上。这种兔笼造价低，管理方便。

② 固定式兔笼。固定式兔笼一般为双层或3层多联式（图2-5）。在舍内空间较小的情况下，以双层为宜，可降低饲养密度，有利于保持良好的环境，便于管理。固定式兔笼一般用砖石建造，多用火砖、水泥、瓷砖砌成。笼底板以竹片制作而成，能随时放进、抽出。这类兔笼在养兔生产中应用广泛，优点是建造简单，造价低，取材方便，坚固耐用，保温隔热性好，利于清洁消毒，适用于各类肉兔和多种场地。其缺点是通风采光性较差。

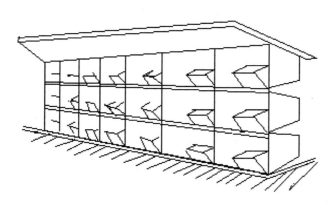

图2-5　固定式兔笼

（3）阶梯式兔笼　这种兔笼在兔舍中排成阶梯形。先用金属、水泥、砖、木料等材料做成阶梯形的托架，兔笼就放在每层托架上。笼的前壁开门，饲料盒、饮水器等均安在前壁上，在品字形笼架下挖排

粪沟，每层笼内的兔粪、尿直接漏到排粪沟内。兔笼一般用金属和竹（笼底）等材料做成活动式，这种兔笼的主要优点是通风采光好，易于观察，耐啃咬，有利于保持笼内清洁、干燥，还可充分利用地面面积，管理方便，节省人力；缺点是造价高，金属笼易生锈，容易发生脚皮炎等。

2. 兔笼规格

兔笼规格应根据肉兔的品种、性别、年龄及环境要求而定，以肉兔能在笼内自由活动为原则。种兔笼比商品兔笼大，室外兔笼比室内兔笼大。可根据肉兔体长而设计兔笼，笼宽为体长的 1.5 倍，笼深为体长的 1.3 倍，笼高为体长的 1 倍。兔笼规格可参照表 2-1、表 2-2。

表2-1　德国兔笼尺寸

类别	体重 / 千克	笼底面积 / 米^2	宽 × 深 × 高 / 厘米
小型种兔	<4.0	0.20	40 × 50 × 30
中型种兔	<5.5	0.30	50 × 60 × 35
大型种兔	>5.5	0.40	55 × 75 × 40
育肥兔	<2.7	0.12	30 × 30 × 30

表2-2　我国笼养种兔尺寸

类别	宽 / 厘米	深 / 厘米	高 / 厘米
小型种兔	45~55	50	30~35
中型种兔	55~65	50~60	35~40
大型种兔	65~75	60~70	40

目前在生产中还出现了一种母仔共用的兔笼，由一大一小两笼相连，中间留有一小门。平时小门关闭，便于母兔休息，哺乳时小门打开，母兔跳入仔兔一侧。

3. 兔笼构件

（1）笼壁　可用水泥预制件、砖块、竹片、钢丝做成。采用砖砌或水泥预制件，必须预留承粪板和笼底板间隙，间隙宽 3~5 厘米为宜；采用竹片、木栅条或金属板条，栅条宽度要求 15~30 毫米、间距 10~15 毫米。笼壁应当光滑，谨防造成兔的外伤。竹片制作的应当光滑面向内，砖砌需用水泥粉刷平整（图 2-6）。

图 2-6　母仔共用兔笼

（2）笼底板　是兔笼最重要的部分，若制作不好，如间距过大，表面有毛刺，容易造成肉兔脚皮炎发生。笼底板一般采用竹片或镀锌钢丝制成。用竹片材质做笼底板时，要选择光滑无刺的，一般宽2.2~2.5厘米，厚0.7~0.8厘米，竹片间距1~1.2厘米，竹片钉制方向应与笼门垂直，以防兔形成"八字腿"。用镀锌钢丝制成的兔笼，其焊接网眼规格为50毫米×13毫米或75毫米×13毫米，钢丝直径为1.8~2.4毫米。笼底板应该便于行走，方便拆洗，定期消毒。

（3）承粪板　适宜用水泥预制件或瓷砖，厚度为1~2厘米。在多层兔笼中，上一层承粪板为下层兔笼的笼顶。为避免上层兔的粪尿、污水溅污下层兔笼，上层笼底板应向笼门方向多伸出3~5厘米，向后墙多伸出5~10厘米，在设计和安装时还应当考虑前高后低呈15°左右的坡度，以便粪尿自动落入粪沟中，便于清扫。

（4）笼门　一般安装在多层兔笼的前面或单层兔笼的上面，可用竹片、打眼铁皮、镀锌钢丝制成。要求开关方便，内测光滑无刺，能防御兽害，防止肉兔跳出兔笼。食槽、草架一般安装在笼门外，尽量不开笼门喂食，便于观察和喂料。

4.产仔箱

产仔箱是兔产仔、哺乳的场所，通常在母兔产仔前放入兔笼内或悬挂在笼门外。产仔箱可用木板、纤维板、硬质塑料或金属片制成（图2-7、图2-8）。常用的还是木质产仔箱，其四周内外要平滑，使母兔出入和仔兔活动不受擦伤，边缘部分用铁皮片包上，以防啃咬。铁片产箱，用绝缘体纤维板或木板做内板。因铁皮不保暖，容易使仔兔受凉。生产中使用的产仔箱多为活动式产箱。一种是敞开的平口产箱，长45~50厘米，宽25~30厘米，高15~18厘米；二是月牙形缺口产箱，可以竖起和横倒使用，母兔产仔时送入笼内，将其横卧，便于母兔产仔，产仔后，将产仔箱竖起，使仔兔不易爬出箱外。总之，产仔箱内应放柔软、清洁、干燥的垫草，南方可以采用稻草，北方则可采用木材刨花碎片，便于保暖和吸尿。

图2-7　金属产仔箱　　　　图2-8　木制产仔箱

（二）饲喂设备

1.食槽

又称饲槽或料槽。按材质有竹制、陶制、水泥制、铁皮制和塑料制等（图2-9）。一般分为有简易食槽和自动食槽。简易食槽制作成本低，适合盛放各种饲料，但饲喂时工作量大，饲料易被污染，也容易被兔扒料而浪费饲料。自动食槽容量较大，安置在笼门外，添加饲料省时省力，饲料不易污染，浪费少，但此食槽制作复杂，成本高。

国外规模较大及机械化程度较高的兔场多采用自动食槽,一般用镀锌铁皮或硬质聚乙烯塑料制成。无论何种食槽,均要结实、牢固,不易破碎或翻倒,同时应便于清洗和消毒。

图2-9　金属食槽

2.草架

用于投喂青绿饲料和干草的设备,为防止饲草被肉兔践踏污染,节约草料而设计(图2-10)。在群饲情况下,可用细竹或铁丝制成"V"字形的草架,置于单层笼内或运动场上,一般长80~100厘米,高40~50厘米,上口宽30~40厘

图2-10　草架

米。笼养兔的草架,一般是固定在笼门上,多为活动的"V"字形。草架内侧金属丝间隙为3厘米,外侧为2厘米。

(三)饮水器

肉兔饮水器有多种,是兔笼必备的附属设备,以保证兔随时都可以饮到清洁水。原则上是渗漏少,蒸发面积小,以控制兔舍内湿度,

同时减少水耗。常见的饮水器有陶碗和瓦钵等开放式饮水器、塑料或玻璃瓶式饮水器以及自动饮水器（图2-11）等。陶碗和瓦钵优点是清洗消毒方便，经济实用，缺点是每次换水需要开启笼门，且水钵容易打翻，也容易被粪尿污染。目前，肉兔饲养多采用乳头式自动饮水器，饮水器水

图2-11　自动饮水器

咀一般装在笼门或背网上，每1~2列兔笼共用1个水箱（水箱内有隔离网），通过塑料管或橡皮管连至每层兔笼，再由乳胶管通向每个笼位。此种饮水器的优点既能防止污染，又可节约用水，对水质要求高，但应随时观察水咀是否有漏水或堵塞现象。

（四）编号工具

为便于肉兔场做好种兔的管理和良种登记工作，仔兔断奶时必须编号。肉兔最适宜编号的部位是耳内侧部，因此称为耳号。常用的编号工具有耳号钳和耳标。

1. 耳号钳

耳号钳配备有活动数码块，根据耳号编好数码块后，消毒兔耳和

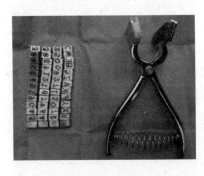

图2-12　耳号钳

图2-13　耳标

数码块，在数码块上涂上墨汁，钳压兔耳，再在打上数码的兔耳上涂抹墨汁，数日后兔耳上可留下永不褪色的数字。

2.耳标

有金属和塑料两种。将编号先冲压或刻画在耳标上，打耳号时直接将耳标卡在兔耳上即可，印有号码的一面在兔耳内侧。

（五）消毒设备

消毒的目的是消灭环境中的病原体，切断传播途径，阻止疫病传播。选择优质消毒药品及其配套的消毒设备，对做好消毒工作十分重要。兔场必须制定严格的消毒规章制度，严格执行。消毒设施包括人员、车辆的和舍内环境的清洗消毒设施。

1.人员的清洗消毒

本场和外来人员均需清洗消毒。一般兔场入口处设有人员脚踏消毒池，外来和本场人员在进入场区前都应经过消毒池对鞋消毒。在生产区入口处设消毒室，消毒室内设有更衣间、消毒池、淋浴间和紫外线消毒灯等。本场工作人员及外来人员在进入生产区时，都应经过淋浴、更换专门的工作服和鞋、通过消毒池、接受紫外线灯照射等过程，方可进入生产区。

2.车辆的清洗消毒

兔场的入口处应设置车辆消毒设施，主要包括车轮清洗消毒池和车身冲洗喷淋机等。

3.场内清洗消毒

兔场常用的场内清洗消毒设施有高压清洗机和火焰消毒器。高压清洗机主要用于兔场内用具、地面、兔笼等的清洗，进水管与盛消毒液容器相连，也可进行兔舍内消毒。火焰消毒器是利用煤油燃烧产生的高温火焰对兔场设备及建筑物表面进行烧扫，以达到彻底消毒的目的。火焰消毒器不可用于易燃物品的消毒，使用过程中要做好防火工作。对草、木、竹结构兔舍更应慎重使用。

（六）照明设备

兔场中的人工照明主要以白炽灯和荧光灯作光源。人工照明不仅用于封闭式兔舍，也作为开放式和半开放式兔舍自然光照补充。根据兔舍光照标准（表2-3）和1米²地面设1瓦光源提供的照明，计算兔舍所需光源总瓦数，再根据各种灯具的特性确定灯具的种类。大型商品兔场采用人工授精技术，为增加光照强度，采用人工补光照明，充分考虑每个笼位的照射强度，设定时开关和调节功能，可控制光照时间和强度。

表2-3 兔舍人工照明标准

类型	光照时间(小时)	荧光灯照度/勒克斯	白炽灯照度/勒克斯
种兔	16~18	75	50
幼兔舍	16~18	10	10
商品兔舍	6~7		

第二节 兔舍修建及类型

一、兔舍建造

（一）肉兔舍建造的目的

兔舍建造是否合理，关系到肉兔的健康、生产力的发挥以及饲养人员的劳动效率。肉兔舍建造的主要目的是：第一，从肉兔的生物学特性出发，充分满足肉兔对环境的要求，以保证肉兔的生长发育和健康，从而提高肉兔产品的质量；第二，便于饲养人员的日常饲养管理、防疫治病操作，提高劳动生产效率；第三，因地制宜，保证土地合理利用，经营者的长期发展和收益。

（二）肉兔舍建造的要求

肉兔有啮齿行为，喜干燥，怕热耐寒等习性，因此，兔舍设计应充分考虑兔的生物学特性和经济效益等因素。具体要求如下。

① 地势高燥，通风、采光良好，有利于冬季保暖和夏季降温，兔舍温度冬季不低于10℃，夏季不高于30℃。

② 利于疫病防控，防止或减少疫病发生和传播。

③ 保证兔有适当的活动空间，便于添加草料和保持清洁卫生。

④ 兔笼门的边框、产仔箱的边缘等凡是能被兔啃到的部位，都应采取必要的加固措施，应选用合适的、耐啃的材料。

⑤ 兔舍坐北朝南或坐南朝北，双坡屋顶，半封闭、全封闭或半开放式。

兔舍设计不合理将会加大饲养人员的劳动强度，影响工作情绪，降低劳动效率。因此要求兔舍应当有利于饲养管理，提高劳动效率。通常兔笼设计多为固定式多层结构，一般1~3层，总高度不超过1.8米，过高或层数过多，容易造成饲养人员的操作困难，影响工作效率。为清扫方便，粪尿沟的宽度不小于0.8米。

还应当考虑肉兔相应生产流程的需要，肉兔的生产流程因生产类型、饲养目的的不同而异。不能违背生产流程盲目设计，避免生产流程中各个环节在设计上的脱节和不协调、不配套。如种兔场，以生产种兔为目的，应按种兔生产流程设计建造种兔舍、测定兔舍、后备兔舍等。商品兔场应设计种兔舍、商品兔舍等。

兔舍建造还要考虑环境因素，包括温度、湿度、光照、有害气体、噪声、卫生条件等。设计兔舍时应充分考虑环境因素对肉兔生产、生长影响。控制好饲养环境，可使肉兔最大限度发挥生产性能，最终获得最佳经济效益。

二、肉兔舍类型

肉兔舍类型主要依据饲养的目的、方式、规模及经济实力而定。

随着我国养兔业的规模化发展，肉兔养殖已摈弃过去的散养和圈养等粗放模式，改为笼养。笼养具有便于控制肉兔生活环境，便于饲养管理、配种繁殖及疾病防治等优点，是目前我国饲养肉兔的普遍模式。以下根据不同方式分类，介绍几种常见的兔舍类型。

（一）根据兔舍屋顶形式分类

有单坡式、双坡式、联合式、平顶式、拱顶式和钟楼式等（图2-14）。要求完全不漏水，有一定的坡度（除平顶和拱顶外），一般为20°~30°。单坡式一般跨度小，结构简单，造价低，光照和通风好，适合小规模兔场。双坡式一般跨度大，常见于双列式和多列式兔舍。根据各地情况可自行选择，在南方炎热地区，不宜建造低矮的平顶式和拱式屋顶。在北方则不宜建造钟楼式屋顶。兔舍屋顶的高低与保温隔热有关，一般在寒冷地区宜低一点，以2.5米为宜，尽量不用隔热性差的水泥瓦、玻纤瓦，如用则需加设隔热层。

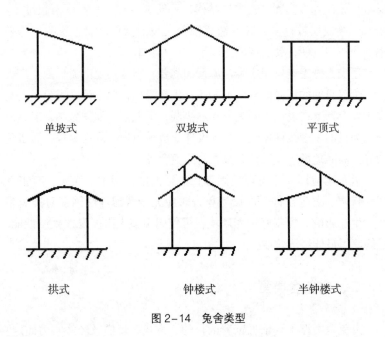

图2-14　兔舍类型

（二）根据墙体构建分类

主要有封闭式、半开放式、开放式及棚式等（图2-15至图2-17）。

图2-15 封闭式兔舍

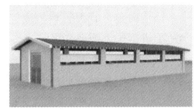

图2-16 半开放式兔舍

开放式兔舍两头山墙设为满墙，两侧纵墙只设1.0~1.2米高沿墙。其结构简单，通风透光好，兔舍内有毒有害气体少，造价低，管理方便。缺点是单笼造价高，不易挡风遮雨，冬季建议在外墙上挂草帘或塑料布，有利于防寒保暖。半开放式三面设墙，一面设半截矮墙，略优于开放式。我国南方气候温暖，冬季短，

图2-17 开放式兔舍

气温多在4℃以上；但夏季炎热，空气湿度大。建造半封闭式、开放式或棚式兔舍，可减少投资，并能满足各类肉兔的要求。

封闭式分有窗式和无窗式，四面有墙，通风采光较开放式差，设在纵墙上的窗户大小、数量和结构应结合当地气候而定。优点是管理方便，室内温度易于控制，冬季保暖条件好。

在一些先进国家为了创造有利于肉兔健康和生产的环境条件，广泛采用组装式和环境控制式兔舍。组装式的墙壁和门窗是活动的，天

热时可局部或全部拆卸，使兔舍成为半开放式、开放式或棚式兔舍；冬天则装配成严密的封闭式兔舍。

环境控制式兔舍就是在封闭式兔舍内完全靠人工来调节小气候。

（三）根据兔笼排列分类

单列式、双列式和多列式。

单列式兔舍：单列式兔笼呈一字排列，靠墙设饲喂通道，跨度较小，结构简单，省工省料，造价低廉，操作方便，舍内环境污染少，不适于机械化管理。

双列式兔舍：即沿兔舍纵向布置两列兔笼，笼门有相对和背向两种。兔笼有3层或两层重叠式。面对面的兔笼（图2-18）在兔笼

图2-18 面对面双列封闭式兔舍

后侧各设一条0.8米以上宽的粪尿清扫沟，中间过道宽1.2~1.5米；背靠背的两列兔笼之间则设粪尿沟，两外侧设过道。此种兔舍建设面积利用率高，保温性好，光照充足，夏季凉爽，冬季保暖，且笼位单位成本低于单列式。

多列式兔舍：舍内兔笼的排列有3列或4列。这样兔舍地面利用率高，安装通风、供暖和给排水等设施后，可组织集约化生产，一年四季皆可配种繁殖，有利于提高劳动生产率。缺点是在没有通风设备下兔舍通风和透光不够理想，舍内湿度大，空气中有毒有害气体浓度高，兔易感染呼吸道疾病，不利于繁殖和疫病防治。

第三章
肉兔场粪污的综合治理方案

第一节　肉兔场粪污的无害化处理与综合利用

一、粪污对生态环境的污染

近年来，我国肉兔产业进入快速发展期，逐渐成为农业经济增长、农民增收的特色产业。肉兔生产方式也发生了根本性改变，逐渐以规模化、集约化的养殖方式取代了传统的散养方式。规模化肉兔生产饲养总量大，产生粪便和污水量大。由于国内多数肉兔养殖场对粪污的处理缺少综合利用途径，缺乏相应的粪污处理配套设施或设施运行成本过高，难以持续运行，导致粪污污染成为环境污染源之一，对生态环境造成巨大威胁。肉兔场大量产生的粪污主要造成以下几个方面的污染。

（一）空气污染

肉兔场粪污对空气的污染主要是排放大量恶臭、有毒有害气体等。肉兔粪尿中含有大量有机物，其中，肉兔未消化吸收的含氮物质随粪便排出，被微生物分解产生大量的氨气和硫化氢等刺激性恶臭气体。如果不能及时处理，则会进一步发酵产生甲基硫醇、甲硫醚、二甲胺等多种低级脂肪酸类恶臭气体。此类刺激性、有毒有害气体造成空气质量下降，危害人畜健康。

（二）水体污染

肉兔场粪污中含有大量氮、磷、病原微生物、重金属等污染物。未经处理的粪污进入河流、湖泊等自然水体后，会增加水体中固体悬浮物、有机物和微生物含量，污染地表水。且粪污中的氮、磷等被藻类及浮游微生物等利用，引起藻类和浮游微生物等大量繁殖，使水体中生物群落发生改变；粪污中有机物的生物降解和藻类、浮游微生物的繁殖会大量消耗水体中氧，使水质恶化、鱼类及其他水生生物死亡，导致水体富营养化。粪污甚至还可能渗入地下，造成更为严重的地下水污染。

（三）土壤污染

未经处理的粪污进入土壤后，粪污中的有机物被微生物分解，其中含氮、含磷有机物可被微生物分解为硝酸盐和磷酸盐等，这些降解产物大部分能被植物利用，从而使土壤得到自然净化。如果粪污排量超过土壤的消纳自净能力，将导致粪污的不完全降解和厌氧腐解，产生亚硝酸盐等有害物质；造成土壤板结、孔隙堵塞，土壤透气、透水力下降，破坏土壤结构和功能。畜禽排泄物中残留一定量的重金属元素等物质，这些污染物进入土壤后，在土壤中富积，造成土壤污染，同时还可能被植物吸收后，通过食物链危害人类健康。

（四）生物污染

肉兔场粪污中含有大量致病微生物和寄生虫卵，有的是畜禽传染病、寄生虫病和人畜共患病的传染源。根据世界卫生组织和联合国粮农组织的相关报道，目前已有200多种人畜共患病，其传播载体主要是畜禽排泄物，肉兔场粪污对其他畜禽健康和公共健康安全也会造成巨大危害。

二、解决粪污的主要途径

我国肉兔养殖面广，粪污产量大，处理及利用难度高。根据我国的基本国情，粪污处理以综合利用优先，资源化、无害化、减量化为原则，发展生态农业。目前粪污的综合利用主要有以下几种途径。

（一）发展农牧结合的农业循环经济

肉兔粪尿中含有大量氮、磷和钾等成分，经过堆肥处理后，可作为优质高效的有机肥，通过堆肥和沼气技术可将肉兔粪尿变废为宝（图3-1）。我国是农业大国，农业生产中需要大量的肥料。据报道，我国化肥消耗量居世界第一位，大量使用化肥后会造成土壤有机质减少和板结；同时化肥的利用率较低，不能被利用的化肥对土壤、水源和大气会造成污染。将畜牧业和种植业进行有机结合，粪污经处理后为种植业提供有机肥料，形成农牧业相结合的农业循环经济模式，既可以避免环境污染，又可以充分利用资源，提高环境、生态与经济效益，是解决肉兔养殖粪污的重要途径。

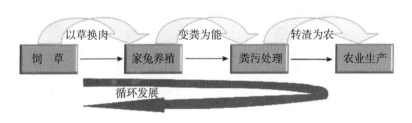

图3-1　农牧业结合粪污处理

（二）用作饲料

肉兔粪便中含有大量未消化吸收的蛋白质、淀粉、维生素等营养物质。通过发酵、清除杂质以及灭菌处理后，可代替部分畜禽饲料，或用于饲养蚯蚓、蝇蛆等生产动物蛋白饲料。但该途径容易造成传染性疾病的流行，且对粪污的处理量极为有限，推广价值不高。

（三）提高饲料消化率，减少粪便排放量

通过科学的饲料配方设计，提高肉兔对饲料的消化利用率，以减少

粪便中养分浓度的排放量。肉兔对饲料的消化吸收效率越高，则排泄物中营养成分就越低，同时粪便排放量就越少，对环境的污染也就越小。

三、肉兔粪尿的综合利用技术

（一）沼气发酵技术

沼气发酵技术是综合利用肉兔粪尿的重要技术（图3-2，图3-3），肉兔粪尿在沼气池中经过发酵腐熟作用，可杀死其中的病原微生物、寄生虫卵等，实现对兔粪尿的无害化处理；在兔粪发酵过程中，获得的沼气是清洁能源，可用于生产和生活（如发电、照明、取暖、煮饭等）。

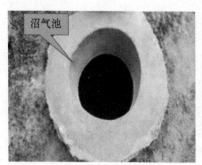

图3-2　沼气发酵技术

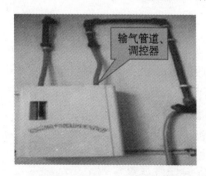

图3-3　沼气产能

兔粪是生产沼气优质原料，在35℃发酵条件下，新鲜兔粪总固体产气率为0.210米³/千克。沼液沼渣中全氮含量是沼液沼渣肥效的主要指标之一，兔粪发酵产生的沼渣沼液是优质有机肥。35℃条件下兔粪发酵60天，兔粪发酵料液上清液中化学需氧量（COD）去除率为86.0%，沼气发酵还能有效杀灭病原菌和寄生虫卵。沼气发酵对肉兔粪污实现无害化处理和资源化开发综合利用具有重要现实意义。

（二）高温堆肥技术

高温堆肥技术是指将畜禽粪便、农作物秸秆等有机固体废弃物集中堆放，在有氧条件下，通过微生物的作用将有机物转化为稳定的腐殖质的过程（图3-4）。堆肥过程中微生物活动产生的生物热能将堆肥原料中的病原菌、寄生虫卵等杀死，且堆肥产品腐殖质是优良的土壤改良剂和有机肥。因此，高温堆肥技术处理固体肉兔粪污，可实现对粪污的无害化处理和资源化利用。

图3-4　高温堆肥技术

研究指出，兔粪碳氮比在20~30，只要将兔粪水分含量调至50%~60%，即可高温堆肥。或者将兔粪与农作物秸秆、菌渣等固体有机废弃物按比例混合，调节碳氮比值至20~30，水分至

50%~60%，即可用于高温堆肥。

1. 堆肥方式

根据兔粪量选择适合的堆肥方式，可选择小堆体堆肥或条垛式堆肥。小堆体堆肥适合兔粪量较少的肉兔场，即将准备好的堆肥原料堆成底面直径为 1~1.5 米、高度为 1~1.5 米的锥形或半球形堆体。兔粪量较多的规模化肉兔场采用多垛式堆肥，将兔粪堆积成宽度为 1~1.5 米、高度为 1~1.5 米、垄间距为 1.2 米、长度不限的条垛状。

2. 堆肥过程

高温堆肥过程分为主发酵和后发酵两阶段。堆肥初期，堆肥系统中的嗜温菌大量繁殖、分解有机物，并释放热量，使堆体温度迅速升高，在 1~2 天内可达 50~60℃。此温度下，嗜温菌被抑制杀死，而嗜热菌大量繁殖，继续分解堆体中的有机物，进一步升高堆体温，且高温会持续一段时间。此时，堆肥中的寄生虫卵、病原菌等被杀死，腐殖质开始形成。当堆体达到 65℃时，开始对堆体进行翻堆，翻堆可以给堆体供氧。通过翻堆还能使堆体各部分物料混合均匀、增加水分的蒸发，带走热量，避免堆体温度过高。经过 3~4 次翻堆后，堆体中大部分有机物被分解，堆体温度开始下降，维持在 45℃以下，堆肥达到初步腐熟，标志主发酵结束，主发酵持续 15~20 天。此后，进入后发酵阶段，在主发酵阶段尚未分解的有机物在后发酵阶段进一步分解，形成腐植酸、氨基酸等较为稳定的有机物，形成完全腐熟的堆肥制品，后发酵时间为 20~30 天。

3. 影响堆肥效果的因素

（1）水分　水分是影响堆肥效果的重要因素。在堆肥过程中，水分的主要作用是溶解有机物，参与微生物的新陈代谢，水分蒸发时带走热量，调节堆肥温度。堆肥适宜的水分含量为 50%~60%，过低过高均不利于堆肥的进行。当水分含量低于 10%~15% 时，细菌代谢作用普遍停止；水分过高，堵塞堆料间空隙，影响通风，导致厌氧发酵，减缓降解速度，延长堆肥时间。

（2）通风供氧　通风供氧是保证好氧堆肥成功的重要条件。通风供氧能为堆体提供氧气，且有利于水分、热量的散失，防止堆体温度过高。主要通过翻堆、通气等措施通风供氧。一般认为，堆体中氧含量在5%~15%为宜，氧含量过低，导致厌氧发酵；通风量过大容易使热量散失过多，导致堆体温度降低，不利于堆肥的正常进行。当堆体温度达到55℃后，即可进行翻堆，每3天翻堆1次。

（3）温度　温度是堆肥系统内微生物活动的反映，是影响微生物活动和堆肥工艺过程的重要因素。堆肥过程中微生物分解有机物释放热量，使得堆体温度升高。堆肥初期，微生物大量繁殖，分解有机物，堆体温度迅速升高，高温可杀死堆料中的大部分病原菌、寄生虫卵和杂草种子等。如果不控制，堆体温度会持续升高，可达75~80℃。当温度超过65℃时，就会杀死部分有益微生物或者抑制有益微生物的活动，影响堆肥效果。因此堆肥的最适温度为45~60℃。

（4）碳氮比（C/N）　堆肥原料碳氮比值在20~30比较适宜。碳氮比过高或过低均不利于有益微生物的生长和活动，还会造成堆肥产品中氮的损失，肥效降低。添加秸秆、尿素等可对碳氮比进行调节。

（5）pH值　pH值是影响微生物活性的重要因素。堆肥原料或堆肥初期堆体pH值以6.5~7.5为宜。

4.堆肥腐熟评价指标

（1）物理指标　堆肥腐熟后，堆体温度缓慢降至环境温度。堆肥期间，发酵温度45℃以上的时间超过14天，即达到粪污无害化标准。腐熟的兔粪呈黑褐色，堆肥产品呈现疏松的团粒结构，臭味基本消失，无蚊蝇滋生。

（2）碳氮比　在后发酵阶段，碳氮比值降至20以下，即可标志堆肥腐熟。

（3）种子发芽率（GI）　种子发芽率大于80%时，可认为堆肥达到腐熟。

第二节　病死肉兔的无害化处理方案

病死兔的无害化处理严格按照《病害动物和病害动物产品生物

安全处理规程》（GB16548—2006）的要求进行，通常采用以下两种方案。

一、深埋

处理病死兔常用的方法是深埋，深埋地应远离居民住宅区、公共场所、饮用水源地、河流等地区，深埋前应对病死兔进行无害化处理。在深埋地坑表面铺2~4厘米厚的生石灰，掩埋后需将上层土夯实；被埋病死兔上层距地表不少于1.5米；深埋后地表用消毒药喷洒消毒，消毒液可采用0.4%的高锰酸钾液或2%的烧碱液等（图3-5）。

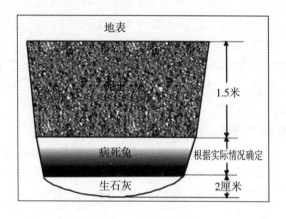

图3-5　深埋方案处理

二、焚烧

将病死兔投入焚化炉或用其他方式烧毁碳化，焚烧处理应在指定地点进行。规模化兔场一般要配备专用焚化设施。在养殖业集中区，可联合兴建焚化处理厂，由专门的运输车辆负责运送病死兔到焚化厂，集中处理。

第四章
常见肉兔品种

第一节　优质肉兔品种

一、引进肉兔品种（配套系）

（一）齐卡配套系

齐卡配套系（ZIKA）培育于德国。该配套系有 3 个品系，其中德国巨型白兔（G系），德国大型新西兰兔（N系），德国合成白兔（Z系）。

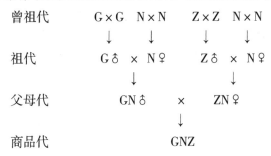

曾祖代　　　G×G　N×N　　Z×Z　N×N

祖代　　　G♂　×　N♀　　Z♂　×　N♀

父母代　　　　GN♂　　　×　　　ZN♀

商品代　　　　　　　　GNZ

齐卡配套系制种模式

1. G系（图 4-1）

祖代父系。全身被毛纯白，头粗重，眼睛红色，两耳大而直立，体躯大而丰满。在相同的饲养管理条件下，其增重速度比哈白兔和比利时兔高。耐粗饲，适应性好。但其繁殖力较低，性成熟较晚，夏季不孕期较长，年产窝数 3~4 窝，窝产仔数 6~10 只。该兔成年体重 6~7 千克，仔兔初生重 70~80 克，35 日龄断奶重 1.0~1.2 千克，90 日龄体重 2.7~3.4 千克，日增重 35~40 克，料重比 3.2∶1。

G系（德国巨型白兔）

图 4-1　G 系兔

N系（德国大型新西兰兔）

图 4-2　N 系兔

2. N 系（图 4-2）

祖代父系和祖代母系。全身被毛纯白，头粗重，眼睛红色，体躯丰满，四肢肌肉发达，肉用特征明显。该兔早期生长速度快，对饲料及管理条件要求较高，不耐粗饲。成年体重 4.5~5.0 千克。料重比 3.2∶1，90 日龄重 2.5~3.0 千克。

3. Z 系（图 4-3）

祖代母系。全身被毛纯白，头清秀，眼睛红色，耳薄而直立，体躯长而清秀。适应性好，耐粗饲，其最大优点是母兔繁殖性能高，平均年窝产仔兔 8~10 只，仔幼兔成活率高。成年体重 3.5~4.0 千克，90 日龄体重 2.1~2.5 千克。

（二）伊拉配套系

伊拉配套系培育于法国，是由法国莫克公司在 20 世纪 70 年代末培育成功。该配套系由 9 个原始品种经不同杂交组合选育，筛选出的 A、B、C、D 四个专门化品系组成。2000 年由山东省安丘市绿洲兔业有限公司引入四系配套伊拉肉兔曾祖代种兔。该配套系兔具有遗传性能稳定，生长速度快，饲料转化率高、屠宰率高、繁殖性能强、产仔率高等特点。

Z系（德国合成白兔）

伊拉A系兔

图4-3　Z系兔　　　　　　　　　图4-4　伊拉A系兔

1. A系祖代父系（图4-4）

全身被毛除鼻端、耳、四肢末端及尾部呈黑色，其余部分被毛呈白色。成年公兔体重5千克，母兔4.7千克。受胎率76%，平均胎产仔数8.38只，断奶成活率89.69%，日增重50克，料重比3：1。

2. B系祖代母系（图4-5）

全身被毛除鼻端、耳、四肢末端及尾部呈黑色，其余部分被毛呈白色。成年公兔体重4.9千克，母兔4.6千克。受胎率80%，平均胎产仔数9.05只，断奶成活率89.04%，日增重50克，料重比2.8：1。

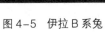

伊拉B系兔

伊拉C系兔

图4-5　伊拉B系兔　　　　　　图4-6　伊拉C系兔

3. C系祖代父系（图4-6）

全身被毛呈白色。成年公兔体重4.5千克，母兔4.3千克。受胎率87%，平均胎产仔数8.99只，断奶成活率88.07%。

4. D 系祖代母系

全身被毛呈白色。成年公兔体重 4.6 千克，母兔 4.5 千克。受胎率 81%，平均胎产仔数 9.33 只，断奶成活率 91.92%。

伊拉配套系制种模式

曾祖代	A×A	B×B	C×C	D×D
祖代	A♂ × B♀		C♂ × D♀	
	↓		↓	
父母代	AB♂	×	CD♀	
		↓		
商品代		ABCD		

（三）新西兰白兔

新西兰白兔（图 4-7）是最出彩的家兔品种，因具有早期生长快、产肉性能好、药敏性强等特点而成为世界上最主要的肉用兔品

种和国际公认的三大实验用兔之一，也是中国应用范围最广泛的中型肉用兔种和实验用兔。

原产地美国，是由新西兰红兔与美国巨型白兔、安哥拉兔等杂交培育而成。

1. 体型外貌（表 4-1）

新西兰白兔全身被毛纯白色，头较粗短，眼为红色。耳较宽厚，短而自立。颌下有肉髯但

图 4-7　新西兰白兔

不发达，肩宽、腰、肋和后躯肌肉丰满，四肢强壮有力。

表 4-1　新西兰白兔成年兔体型

体重 / 千克	体长 / 厘米	胸围 / 厘米
3.5~4.8	48~50	35~38

2. 生产性能（表4-2）

新西兰白兔肉质细嫩，早期生长快，30~90日龄日增重28~32克，半净膛屠宰率52%~55%，全净膛屠宰率51%~53%。

就对营养和饲养管理条件要求而言，新西兰白兔要求较高，不耐粗饲。若对兔场严格管理，新西兰白兔在4~5月龄性成熟，5.5~6.5月龄初配，母兔29~32天妊娠期。

表4-2　新西兰白兔母兔繁殖性能

年产窝数	窝产仔数 / 只	初生窝重 / 克	30 日龄断奶个体重 / 克	30 日龄断奶成活率 /%
5~7	6~8	420~460	500~730	> 90%

（四）加利福尼亚兔

加利福尼亚兔（图4-8）是世界现代著名的肉用兔品种之一，常被称为"八点黑"。品种拥有母性强、繁殖能力好的特点，在现在商品生产中常作为杂交母本使用。

加利福尼亚兔原产于美国加利福尼亚州，是采用喜马拉雅兔和标准型青紫蓝兔杂交，再与新西兰母兔杂交选育而成的中型肉用品种。本品种育成后，迅速扩散到欧美各国，20世纪60年代后逐步成为英、法、美、比利时等一些兔业发达国家的主要饲养品种。我国在1975年开始引入，现已遍及全国。

图 4-8　加利福尼亚兔

1.体型外貌

加利福尼亚兔体躯中等,身体浑圆、匀称。头部稍小,眼睛红色,两耳自立。颈粗短,胸部、肩部和后躯发育良好,背腰平直,肌肉丰满,四肢强健,具有理想肉兔轮廓。被毛除两耳、鼻端、四爪及尾部呈黑色外,其余部分呈白色,故而俗称"八点黑"。其黑色的浓淡随季节、光照、年龄的改变而有所变化,一般冬季色深、夏季色淡、仔兔色淡、成年色深。八点黑的颜色状态在不同引入地区的群体或同一群体的不同个体之间亦存在一定差异。

据测定,成年兔体重4.0千克,部分可达4.5千克,母兔略高于公兔,体长44~50厘米,胸围35~38厘米。

2.生产性能(表4-3、表4-4)

加利福尼亚兔主要表现为早熟易肥、肉质细嫩、屠宰率高,净肉率高于日本大耳白兔、比利时兔等引入品种。

表4-3　加利福尼亚兔产肉性能

90日龄重/千克	90日龄日增重/克	半净膛屠宰率/%	全净膛屠宰率/%
1.8~2.5	25~30	56	52

加利福尼亚兔繁殖性能好,泌乳力强,母性好,仔兔成活率高,具有"保姆兔"的美誉。在较好的饲养管理条件下,4~5月龄性成熟,5.5~6.5月龄适宜初配,母兔妊娠期29~32天,平均窝产仔数6~8只,年繁殖5~7窝。据山西省农业科学院畜牧兽医研究所测定,窝产活仔数5~9只,30日龄断奶成活率93.8%。母兔平均30天总泌乳量4 816~4 991克,高于同期测定的引入品种德国花巨兔、丹麦白兔、比利时兔、日本大耳白兔和新西兰白兔。

表4-4　加利福尼亚兔母兔繁殖性能

年产窝数	窝产仔数/只	初生窝重/克	30日龄断奶个体重/克	30日龄断奶成活率/%
5~7	6~8	358~438	523~726	93.8%

（五）比利时兔

比利时兔（图4-9）又名弗朗德巨兔，是一个古老而著名的大型肉用兔种。该品种很久前已分布到欧洲各地，但至20世纪初才定名，名字源于其原产地（比利时）。20世纪70年代，我国从德国引进。目前，该品种已扩散到全国肉兔生产区，尤其在华北、华中地区分布较多。

图4-9　比利时兔

1. 体型外貌

比利时兔被毛丰厚，多为褐麻色，部分为胡麻色。头大小适中，稍显宽厚。眼睛呈棕黑色，眼周毛色淡化，发白。耳大而直立，耳郭边缘呈黑色。尾巴内侧黑色，肉髯不发达。体躯宽深，肌肉发育良好，四肢强健。成年体重5.0~6.5千克。

2. 生产性能

比利时兔初生重约60克，窝产仔数5~8只，5周龄断奶个体重716~896克，90日龄重2.5~2.8千克，全净膛屠宰率51%~54%。母兔年繁殖4~6胎。

（六）青紫蓝兔

青紫蓝兔（图4-10）名字来源于其毛色酷似智利安第斯山脉所产的一种珍贵毛皮动物——毛丝鼠而得名。法国养兔家戴葆斯基是用噶伦兔分别与喜马拉雅兔和蓝色贝伟伦兔杂交育成，育成后于1913年首次在法国展出。

该品种最初因皮用价值优秀而闻名，后随着其产肉性能的改善，以皮肉兼用分布到世界各地。半个多世纪前引入我国，已完全适应我国气候条件，分布较广，尤其在北京、山东等地饲养较多。

图4-10　青紫蓝兔

1. 体型外貌

青紫蓝兔有3种体型，标准型、美国型和巨型。该品种外貌的标志性遗传特征，主要反映在被毛的色型特点上，除耳尖与尾面被毛呈黑色，眼圈与尾底面呈白色，腹部呈灰白色外，其余部分被毛呈胡麻色，夹有全黑和全白的针毛，被毛浓密且有光泽。每根被毛由毛根到毛尖依次为石盘蓝色、乳白色、珠灰色、白色和黑色等五种色段，风吹被毛时呈彩色漩涡，形似花朵，十分美观。该品种头粗短、耳厚直立，背部宽，臀部发达。标准型、美国型和巨型青紫蓝兔成年体重分别为2.5~3.6千克、4.1~5.4千克、5.4~7.3千克。

2.生产性能

青紫蓝兔仔兔初生重50~60克，90日龄重2~2.5千克，窝产仔数6~8只，年产5~6胎。

（七）日本大耳白兔

日本大耳白兔（图4-11）原产于日本，可能是由日本国外引进的混血品种培育而成。因耳大皮白、血管清晰易采血的特点而被广泛用作实验兔，引入我国时间早于新西兰白兔、加利福尼亚兔等肉兔品种。在我国上海、江苏、山东等地有实验兔生产基地。

图4-11　日本大耳白兔

1.体型外貌

日本大耳白兔分为大、中、小3个类型，成年体重分别为5~6千克、3~4千克和2~2.5千克。引入我国的多为中型兔，少数为大型兔。该品种全身被毛纯白，头偏小，眼红色。耳长大且自立，耳根较细，耳端较尖，形似柳叶，血管清晰可见。母兔颌下有肉髯。体型狭长，后躯欠丰满，前肢较细。

2.生产性能

日本大耳白兔早期生长快，据报道，30~35日龄平均断奶重680克，4月龄重2.5千克。由因其骨架较大，该品种后躯欠丰满，屠宰率50%~52%，肌纤维直径明显高于同月龄的肉用兔品种，即口感的细嫩程度稍差。目前主要应用于实验兔生产。

该品种繁殖力高，平均窝产活仔数7~8只，年繁殖4~7胎。母兔的母性好，泌乳量大，21日龄窝重1.7~2.2千克，断奶成活率大于90%。

二、国内地方或培育品种

（一）哈尔滨大白兔

哈尔滨大白兔（图4-12）简称哈白兔，是我国自己培育的第一个以肉用为主的大型皮肉兼用品种。该品种是我国哈尔滨兽医研究所采用哈尔滨本地白兔、上海大耳白兔作母本，比利时兔、德国花巨兔、加利福尼亚兔、荷系青紫蓝兔作父本，进行复杂杂交和4个世代的综合选育而成，1988年通过国家兔育种委员会鉴定。

图4-12　哈尔滨大白兔

1. 体型外貌（表4-5）

哈白兔全身被毛纯白，头大小适中，耳大且直立，眼睛红色，体躯结构匀称。

2. 生产性能

哈白兔生长发育快，1月龄平均日增重22.4克，2月龄31.4克，70日龄左右达到生长发育高峰，日增重可达35克，3月龄日增重回落到28克。据2009年四川省畜牧科学研究院养兔所种兔场测定结果。

表4-5　哈白兔成年兔体型

性别	体重（千克）	体长（厘米）	胸围（厘米）
公兔	4.2~5.0	51.66~54.94	32.21~36.19
母兔	3.9~4.9	53.1~55.1	32.98~34.24

该品种90日龄重2 248.9~2 610.5克，半净膛屠宰率57.6%，全净膛屠宰率53.8%，料重比3.11:1。

哈白兔繁殖性能好，母兔妊娠期29~31天，窝产活仔数6~8只，初生个体重约58克，30日龄断奶个体重760.8~815.4克，经产母兔年产5~6胎。

（二）福建黄兔

福建黄兔（图4-13）是福建兔的黄毛系，为我国福建省的地方兔种，属小型兼用兔种，具有适应性广、毛色独特、兔肉风味好和药用功能等特点，素有"药膳兔"之美誉，是目前保存和开发利用最好，种群最大的地方特色品种。

该品种原产地是福建省福州地区，如沿海的连江、福清、长乐、罗源，山区的闽清、闽侯等地。近10来年，随着肉兔生产的发展和黄兔销售市场的扩展，福建全省大多数市县均有福建黄兔饲养，尤其在龙岩市的连城、漳平等地分布较多。

图4-13　福建黄兔

1. 体型外貌（表 4-5）

头、背部和体侧为深黄或米黄色短毛被毛，从下颌沿腹部至胯部白色被毛呈带状延伸，头大小适中，呈三角形，公兔略显粗大而母兔比较清秀，双耳小而稍厚钝圆，呈 "V" 字形，稍向前倾，眼大，眼虹膜呈棕褐色，胸部宽深，背腰平直，后躯发达呈椭圆形，四肢强健，后躯发达。后脚粗且稍长，善于跳跃奔跑及打洞。适应野外活动，野外生存能力强。

2. 生产性能

福建黄兔品种标准为 120 日龄屠宰，全净膛屠宰率 48.5%~51.5%，30~90 日龄料重比（2.77~3.15）∶1。90 日龄即有求偶表现，105~120 日龄（体重 2 千克）即可初配，最迟为 150 日龄左右初配，比其他品种兔早 30~60 天。妊娠期 30~31 天，第二胎起窝产仔数 6~9 只，窝产活仔数 5~8 只，一年四季均可繁殖配种，母兔一般年产 5~6 胎，年产活仔数 33~37 只，年育成断奶仔兔数为 28~32 只，种兔一般利用年限为 2 年。

（三）闽西南黑兔

闽西南黑兔（图 4-14）属早熟小型品种，具有适应性广、抗病力强等特点。原名福建黑兔，在闽西地区俗称上杭乌兔或通贤乌兔，在闽南习惯叫德化黑兔，是我国小型皮肉兼用以肉用为主的地方兔种。2010 年 7 月通过国家畜禽遗传资源委员会鉴定，命名为闽西南黑兔。

闽西南黑兔中心产区位于福建省闽西龙岩市和闽南泉州市的山区，主要分布于龙岩市的上杭、长汀、武平等县区和闽南的德化县，位于闽西南的漳平、新罗和永春、安溪等县，以及相邻的三明、大田等市亦有零星分布。

1. 体型外貌

闽西南黑兔体躯较小，头部清秀，两耳短而直立，耳长一般不超过 11 厘米，眼大，眼结膜为暗蓝色，颌下肉髯不明显，背腰平直，腹部紧凑，臀部欠丰满，四肢健壮有力，被毛多数为深黑色粗短毛，

闽西南黑兔

图4-14 闽西南黑兔

脚底毛呈灰白色，少数个体在鼻端或额部有点状或条状白毛，白色皮肤带有不规则的黑色斑块。

2. 生产性能

因各地饲养条件不同，生长速度差异较大。2010年国家畜禽遗传资源委员会在上杭县通贤兔业发展有限公司种兔场测定如下（表4-6）。

表4-6 闽西南黑兔生长情况

性别	4周龄断奶体重/克	13周龄体重/克
公兔	275.8~483.2	1 056.6~1 369.2
母兔	256.9~489.3	1 043.7~1 367.1

闽西南黑兔宰前活重1.4~1.6千克，全净膛屠宰率43%~48%，半净膛屠宰率47%~53%。

闽西南黑兔属早熟小型品种，3.5~4.5月龄性成熟，公兔5.5~6.0月龄，母兔5.0~5.5月龄初配。妊娠期29~31天，窝产仔数5~8只，窝产活仔数4~7只，初生窝重172.09~303.35克，4周龄窝重1 691.6~2 372.2克，经产母兔年产5~6窝。

（四）塞北兔

塞北兔（图4-15）又称斜耳兔，属肉用为主的大型皮肉兼用兔种，由我国河北省北方学院动物科技学院采用黄褐色法系公羊兔和比利时巨型兔作亲本杂交培育而成。

图4-15 塞北兔

1. 体型外貌

塞北兔耳宽大，一耳直立，一耳下垂，是该兔外貌的独具特征。被毛色属于刺鼠毛类型，以野兔色（黄褐色）为主，另有红黄色和纯白色。头中等大，略呈方形，黑眼。颈粗短，有肉髯，四肢粗短而健壮。

2. 生产性能

塞北兔7~13周龄平均日增重24.4~30克，成年体重4.5~5.7千克，90日龄屠宰，半净膛屠宰率56.7%，全净膛屠宰率52.6%，料重比3.29∶1。

个体初生重60.8~67克，窝产仔数5~10只，以产7只最多，40

日龄断奶个体重810~830克, 断奶成活率81%。

(五) 豫丰黄兔

豫丰黄兔 (图4-16) 属于中型肉皮兼用兔, 适应性强, 繁殖成活率高, 是在比较粗放的饲养管理条件下杂交生产商品肉兔的优秀亲本之一。

图4-16 豫丰黄兔

1. 体型外貌

豫丰黄兔腹部被毛呈白色, 腹股沟有黄色斑块, 其余部分呈棕黄色, 针毛尖有黑色、微黄色、红色的不同个体。头适中, 呈椭圆形, 有肉髯。耳大而直立。眼圈白, 眼球黑色。四肢强健有力, 前趾部有2~3道虎斑纹。

2. 生产性能

豫丰黄兔成年体重1.5~5.5千克, 体长53.5~59.8厘米, 胸围34.9~40.8厘米。90日龄重2 208~3 142克, 半净膛屠宰率55.42%, 全净膛屠宰率50.65%, 日增重33.9克。

该品种6月龄初配, 妊娠期31天, 窝产仔数7~12只, 窝产活仔数7~11只, 初生窝重440~586克, 断奶窝重4 806~6 806克, 断奶成活率96.6%, 具有良好的开发利用价值和前景。

第二节　安全引种与种兔的选育

一、安全引种

引种工作关系到发展肉兔养殖的成败，特别是对于刚开始养兔的场户，在引进种兔时必须注意下列事项。

（一）引种准备

种兔必须从正规的种兔场引进。首先，要了解所引种兔场种兔来源、生产性能以及健康状况，选购的每只种兔都要进行全面健康检查，确定无病后方可购买。另外，要积极做好种兔运输前的准备工作，路程远的要准备好消过毒的兔笼和青绿饲料等。

（二）引种季节

家兔生性怕热，且应激反应严重。所以，引种一般以气温在20~25℃比较合适。因此，引种工作安排在春秋季节为宜。春季天气转暖，光照增多，草木萌发，此时种兔繁殖率高，仔兔成活率也较高，适合引种繁殖。秋季引种的好处在于，经过一个冬季的饲养，种兔对当地的气候条件和饲养方式有所适应，到了第二年春季就可配种繁殖，投入生产，有利于提高引种后的经济效益。切忌在夏季引种，夏季气温太高，种兔繁殖率降低，死亡率升高。冬季气候寒冷，极易发生疾病，甚至死亡，以少引种为好。

（三）引种数量

引种不能随意盲目，应根据当地市场需求和自己的饲养条件来选择合适的品种，根据引种的目的和现有的自身条件确定引种数量。引种的数量多，则见效快，能尽快地达到引种的目的和完成计划种兔群的组建。对于刚开始养兔的场户，引种数量不宜过多，以6~10只为好（2~3组，公、母比例1:3），待积累一定经验后再逐步扩大种兔养殖规模。当行情不好时，可以压缩规模，淘汰性能一般的种兔，保留优良种兔，以待行情好转时迅速恢复生产规模。总的来说，应该坚持自繁自养的原则，充分利用自有母兔，引进外来优良种公兔，以利于改良原有种兔群体，提高养兔生产经济效益。

（四）引种年龄

种兔的年龄与生产性能、繁殖性能均有着密切关系，一般来说，种兔的使用年限只有3~4年，过老的种兔其生产和经济价值均降低。引进种兔若是1岁以上的就缩短了利用年限。此外，30日龄内未断奶的仔兔因适应性和抵抗力较差，经过长途运输后容易生病，死亡率高，不宜引进。而3~4月龄的青年兔对环境条件有较强的适应能力，引种成活率高，利用年限长，种用价值高，能获得较高的经济效益。

（五）种兔选择

所选择的种兔要求体况良好，健康无病，生殖系统发育正常。公兔阴茎要正常，阴囊不可过分松弛下垂；母兔奶头数目应在4对以上，饱满均匀。优良的种兔要精神状态良好，行走姿势正常，耳朵转动灵活，被毛光洁，腹毛均匀浓密，腮毛与肛门周围干净。抓住种兔颈背皮毛，应感觉挣扎有力。同时，优良种兔要求背腰平直，肩宽，臀圆，四肢端正强健，卧地呈长方形，体长与体宽之比为2:1，肉髯不宜过大。而且，要求每只种兔都应该有系谱档案，个体间无亲缘关系。引入同一品种的公兔，应从不同品系中挑选。

（六）途中饲养

种兔的运输工具可采用竹笼、纸箱或铁丝笼等。3月龄以上的公兔和母兔应分笼装运，避免运输途中早配。好斗的种兔要及时调笼隔离。运输密度以平均每只兔占有面积0.05~0.08米²为宜。如无分隔设备，切忌密度过大。运输途中宜选用易消化、含水分少、适口性较好的青绿饲料喂兔，如青干草、胡萝卜茎叶等，切忌喂含水分较多的青菜、萝卜等，以免引起腹泻。精饲料可少喂或不喂，但要保证充足的饮水供给。

（七）引种后管理

引入种兔到达目的地后，要及时分散，单笼饲养。要注意以下几点：第一，刚引入的种兔要防止暴饮暴食，以免引起胃肠道疾病。宜先供给饮水，按说明书规定在饮水中添加一定量的电解多维抗应激，休息一段时间后再喂少量饲料，以后逐渐增加至正常采食量。第二，根据当地饲料条件和饲养习惯，逐渐改变饲料类型和饲养方式，切忌突然改变，以免引起应激反应。第三，隔离观察引入种兔的健康状况，发现异常兔和病兔应及时隔离，加强护理和治疗，同时还要做好防止兽害等工作，隔离饲养 2 周以上无异常方可混群。

二、种兔的选育

种兔选育是家兔生产中一项重要工作，直接关系到家兔养殖的生产效益，影响到家兔生产的健康可持续发展。因此，在日常家兔生产中，我们应该重视并积极开动脑筋做好这项工作。

（一）肉兔重要经济性状的遗传与选择

1. 繁殖性状

肉兔的繁殖性状主要有受胎率、产仔数、初生窝重等。总的来说，繁殖性状的遗传力估值较低，选种时以家系选择为好。

（1）受胎率　指母兔一个发情期中配种受胎的百分率，即一个发情期配种受胎母兔数占参加配种数的百分率。该指标能反映兔群的繁殖能力和兔场的管理水平。一般来说，兔场的受胎率应在 75% 以上。受胎率属于低遗传力性状，个体选择效果不好，通常用该性状选择公兔，母兔则主要通过淘汰屡配不孕的个体来达到选择受胎率的目的。具体方法是 1~6 月份连续空怀 2~3 次，或者 7~12 月份连续空怀 4~5

次的母兔则淘汰。

（2）产仔数　有两个指标，即窝产仔数和窝产活仔数。窝产仔数包括死胎、畸形胎儿等，在一定程度上体现了母兔产仔的潜力。而窝产活仔数是指出生时活的仔兔数。产仔数为一复合性状，受到母兔的排卵数、受精率和胚胎成活率等诸多因素影响。从生产角度出发，产活仔数比较实际，因而常用来表示母兔的产仔能力。通常用前3胎产活仔数的平均数表示母兔产仔数，一般应在7只以上。

（3）初生窝重　指整窝仔兔出生后，在未吮乳之前的体重，用前3胎初生窝重的平均值表示，表明仔兔在胚胎期的生长发育情况。母兔的筑巢能力和配种时的体重对仔兔的初生窝重有显著影响。因此，妊娠后期母兔的筑巢能力也是鉴定其繁殖性能的重要指标之一。

（4）断奶仔兔数及仔兔成活率　指断乳时存活的仔兔数，包括替其他母兔代养的仔兔数，但不包括寄养的仔兔数。仔兔成活率是指断乳时仔兔数占开始喂乳时仔兔数的百分率。因为家兔是多胎动物，成活率既说明生存力，又说明繁殖力。在实际生产中，只有与断乳仔兔数一起评定才有意义。其遗传力比较低，个体选择效果不好。

2. 生长性状

产肉是肉兔生产的最终目标，而肌肉和其他产品的形成主要是在生长育肥阶段完成。所以生长肥育性状是十分重要的经济性状和遗传改良的主要目标。其中以生长速度和料重比最为重要。

（1）生长速度　通常以平均日增重表示，平均日增重是指在一定生长肥育期内，肉兔平均每日活重的增长量。因体型不同的兔生长育肥期不同，统计方法也有别。大型兔生长速度一般指6~13周龄的平均日增重；中小型兔是指4~10周龄的平均日增重。一般用克表示，其计算公式为：

平均日增重＝（终重－始重）/育肥天数

生长速度的遗传力较高，个体选择效果较好。

（2）料重比　一般是按生长肥育期每单位活重增长所消耗的饲料量表示，即消耗饲料（克）/增长活重（克）含有饲养成本的之义。料重比越小，经济效益越高。我国料重比有多种不同的算法，有的按饲喂的精料计算，有的因喂颗粒饲料而将精、粗料合并计算，也有的根据饲料中可消化能和可消化蛋白含量计算，因而标准各异，在做比较时必须加以注意。据估计，料重比的遗传力为 2.5，其与生长速度有较强的负相关，相关系数为 0.5~0.6。

（3）胴体重　分为全净膛重和半净膛重。全净膛重是指家兔屠宰后放血，除去头、皮、尾、前脚（腕关节以下）、后脚（跗关节以下）、内脏和腹壁脂肪后的胴体重量。半净膛重是指在全净膛重的基础上保留心脏、肝脏、肾脏和腹壁脂肪的胴体重量。我国通常采用全净膛胴体重，如以半净膛形式的胴体重计算，须加以注明。同时，应该注意胴体的称重应在屠体尚未完全冷却之前进行。

（二）肉兔的选种方法

肉兔的选种方法很多，实际生产中一般依据肉兔外形特点和生产性能的表型进行选择。由于外形特点和生产性能人们能看得见、摸得着，选择效果易观察，操作方便，因而易在养殖户和中小型养殖企业推广应用。对肉兔进行表型选择时，选择对象如果是性状，那么选择又分为单性状和多性状；选择对象如果是肉兔个体或群体，选择又分为个体、家系、家系内和系谱选择等。实际生产中，常常把对性状的选择融入到对个体的选择中，重点确定 1~3 个性状作为选种目标，通过对个体或群体的选留来达到选种的目的。

（1）个体选择　就是根据肉兔的外形和生产成绩而选留种兔的一种方法。这种选择对质量性状的选择最为有效，对数量性状的选择其可靠性受遗传力大小的影响较大，遗传力越高的性状，选择效果越准确。选择时不考虑窝别，在大群中按性状的优势或高低排队，确定选留个体，这种方法主要用于单性状的性能测定，按某一性状的表型值与群体中同一性状的均值之间的比值大小（性状比）排队，比值大的个体就是选留对象。如果选择 2~3 个性状，则要将这些性状按照遗传力大小、经济重要性等确定一个综合指数，按照指数的大小对所选的种兔进行排队，指数越高的家兔其种用价值越高，就是选留对象。

（2）系谱选择　系谱是记录一只种兔的父母及其各祖先情况的一

种系统资料，完整的系谱一般应包括个体的两三代祖先，记载每个祖先的编号、名称、生产成绩、外貌评分以及有无遗传性疾病、外貌缺陷等，根据祖先的成绩来确定当前种兔是否选留的方法就是系谱选择，也称系谱鉴定。系谱一般有 3 种形式即竖式、横式和结构式系谱。系谱选择多用于仔兔和公兔的选择。根据遗传规律，以父母代对子代的影响最大，其次是祖代，再次是曾祖代。祖代越远对后代的影响越小，通常比较 2~3 代即可，其中以比较父母的资料为最重要。利用这种方法选种时，通常需要两只以上种兔的系谱对比观察，选优良者做种用，有遗传疾病或遗传缺陷者不能留作后备种兔。系谱选择现在主要是作为选择断乳仔兔时的参考依据，因为仔兔在断乳时除了本身在哺乳阶段的生长发育记录外，再无其他生产性能记录，为了尽可能从多方面对其进行种质鉴定，需要参考其系谱记录。

（3）家系选择　就是以整个家系（包括全同胞和半同胞家系）作为一个选择单位，根据家系某种生产性能平均值的高低进行选择。利用该法选种时，个体生产水平的高低，除对家系生产性能的平均值有贡献外，不起其他作用。该法选留的是一个整体，均值高的家系就是选留对象，那些存在于均值不高的家系中而生产性能较高的个体并非选留对象。家系选择多用于遗传力低、受环境影响较大的性状，如窝产仔数、产活仔数、初生窝重等。

（4）同胞选择　就是通过半同胞或全同胞测定，对比半同胞或全同胞或半同胞 – 全同胞混合家系的成绩，来确定选留种兔的一种方法。同胞选择也叫同胞测验，是家系选择的一种变化形式，二者不同的是家系选择选留的是整个家系，选中个体的度量值包括在家系均值中，而同胞选择是根据同胞平均成绩选留，选中的个体并不参与同胞均值的计算，有时所选的个体本身甚至没有度量值。从选择的效果来看，当家系较大时，两种选择效果几乎相等。由于同胞资料获得较早，根据同胞资料可以达到早期选种的目的，对于繁殖力、泌乳力等公兔不能表现的性状，以及屠宰率、胴体品质等不能活体度量的性状，同胞选择更具有重要意义。对于遗传力低的性状，在个体选择的基础上，再结合同胞选择，可以提高选种的准确性。

（5）后裔选择　是根据同胞、半同胞或混合家系的成绩选择上一代公母兔的一种选种方法，它是通过对比个体子女的平均表型值的大小从而确定该个体是否选留，这种方法也称为后裔鉴定，常用的方法有母女比较法，公兔指数法，不同后代间比较法和同期同龄儿女比较法。后裔选择的依据是后代的表现，因而被认为是最可靠的选种方法。但是这种方法所需时间较长，人力和物力耗费较大，有时因条件所限，只有少数个体参加后裔鉴定；同时当取得后裔测定结果时，种兔的年龄已大，优秀个体得不到及早利用，延长了世代间隔，因此常用于公兔的选择。后裔选择时应注意同一公兔选配的母兔尽可能相同，饲养条件尽可能一致，母兔产仔时间尽可能安排在同一季节，以消除季节差异。

以上几种不同的选种方法各有其优缺点：个体选择法简单易行，经济快速，但对遗传力低的性状不可靠，对胴体性状无法考察；同胞选择虽能为所选个体胴体性状提供旁证，花费时间也不太长，但准确性较差；后裔测定效果最可靠，但费时间、人力和物力；系谱选择虽然准确度不高，但对早期选种很有帮助，且对发现优秀或有害基因，进行有计划的选配具有重要意义。在实际选种过程中往往不单靠某一种选种方法，而是考虑利用多种方法的优势，在不同的阶段使用不同的选种方法，也就是采用综合选择法。以上几种选种方法涉及的都属于表型值选择，如果能根据本身、亲代、同胞与后裔资料求得单项育种值或按照一定方法计算出复合育种值，并以此作为选种依据，则能进一步提高选种的准确性。

第三节　杂交优势的利用

一、杂交的概念

从育种学的观点来看，杂交是遗传性不同的群体、品种或品系间的个体交配。杂种优势则是指不同群体、品种间的个体交配所生的后代，在一般情况下，生产性能都超过双亲的平均值，这种现象称为杂种优势。

杂种优势在数量性状方面，表现为杂种的生产水平超过双亲平均生产水平，繁殖力提高，饲料利用能力增强，生长速度加快。在质量性状方面，表现为杂种的生活力以及抗病力强。

二、杂交的作用

① 杂交的作用不仅限于产生杂种优势明显的商品兔，而且利用杂交还可以培育新品系和新品种。

如利用法系公羊兔与比利时兔轮回杂交，成功选育出了遗传性能稳定、生产力高、耐粗饲的肉皮兼用的塞北兔新品种。

② 杂交可以掩盖不良隐性基因，使其不发挥或少发挥不良作用。

有些隐性不良基因与育种所要求的优良基因是连锁遗传的，不易从群体中剔除干净。或者由于基因的一因多效，一方面有利，另一方面又有害，在这种情况下，采用杂交的方式，可以利用杂交掩盖其不良作用。

③ 杂交可以使一些遗传力低的性状，和纯种繁育时不易提高的性状，通过杂交发挥杂种优势。

如肉兔初生窝重的遗传力较低，杂交时杂种优势明显，杂种比纯种初生窝重提高约10%。

三、杂种优势利用的主要措施

（一）杂交亲本的选择

1. 对母本的选择

宜选择本地区分布广泛、数量多、适应本地区环境特点以及繁殖能力强、产仔数多、母性好的品种或品系作母本。因为幼兔在胚胎期和哺乳期的生长发育以及营养来源都必须依靠母兔。母兔本身的优劣直接影响到杂交后代的生长发育和成活率。

2. 对父本的选择

用作杂交父本的种公兔，宜选择生长速度快、饲料报酬高、肉品质好的品种或品系。选择与所要求的杂种类型相同的品种作父本。例如，为了获得生长速度快的杂种仔兔，当然要选择生长速度快的肉兔品种作杂交父本。

（二）亲本兔群的选优和提纯

成功开展杂交工作，获得良好的杂交效果，对杂交亲本兔群的选优和提纯，是两个基本环节。只有亲本带有优质高产的遗传基因，杂种才有可能显示出杂种优势。

选优的目的是通过选择，使亲本兔群中优良的基因频率尽可能增加。提纯的目的是通过选择和近交，使得亲本兔群在主要性状上纯合子的频率尽可能增加，个体间的差异尽可能减小，选优和提纯是两个不同的概念，但是这两项工作密不可分。只有增加了优良基因的频率，才可能使这些优良基因组合成优良的基因型，增加整个兔群的纯合子频率。所以杂种优势的利用，以纯繁基础。亲本群体越纯，则杂交时亲本双方的基因频率差异越大，配合力测定的误差越小，杂交所得到的杂种群体生产性能更加整齐一致。纯繁工作没有做好做细，就急于杂交，往往事倍功半。

（三）杂交效果的估计

不同组合的杂交效果差异较大，如果每个组合都要进行杂交试验。那么测定配合力的工作量肯定非常大，花费也会非常多。所以，在做配合力测定前，可以根据亲本品种来源和生产性能先作初步的预估和分析，对于那些明显杂交效果差的组合可不必进行杂交试验。具体来说，可从以下几个方面分析。

① 分布地区较远、来源差别较大、类型特征明显不同的个体间杂交，有望获得较明显的杂种优势。

② 长期自群繁育且与外界相隔离的，或者长期闭锁繁育的兔群基因型较纯，同其他种群间的基因频率差异较大，杂交后代可以表现

出明显的杂种优势。

③ 遗传力较低、近交时衰退严重的性状，杂交时杂种优势一般比较明显。

（四）配合力的测定

通过预估分析判断品种间的杂种优势，有时不能做出正确的结论，甚至出现误判。这时最好通过杂交试验来测定配合力，筛选最优组合。参加配合力测定的品种最好经过 2~3 代纯种繁育，选优提纯后再杂交，这样测定的配合力才会更加准确和可靠。

按照基因的遗传效应，配合力可以分为一般和特殊配合力。一般配合力反映的是一个品种兔群与其他品种杂交所获得的配合力的均值。基因的显性效应和上位效应值，在各个不同的杂交组合中有高有低，即有正有负，在平均值计算中大致可以相互抵消，所以一般配合力反映的是遗传基因的加性效应，主要依靠纯种繁育方法来提高。

特殊配合力反映的是两个特定品种群体杂交所获得的超过一般配合力的部分，这部分就是该组合的特殊配合力。特殊配合力的遗传基础是遗传基因的非加性效应，用杂种群体的平均值与两个亲本群体的平均值的差来表示。特殊配合力的提高主要依靠配合力测定，筛选出最好的组合来进行推广应用。

四、杂交方法

杂交方法因杂交的目的不同而有别。通过杂交可以提高家兔生产水平，导入新的基因，形成更加有利的遗传基因型，培育出适应性广、抗逆性强、耐粗饲的家兔新品种，对于促进养兔业的发展具有重要作用。

（一）经济杂交

也称简单杂交，是用 2 个品种或者品系的公、母兔进行交配，将产生的后代横交固定，使其优良性状遗传特性得以稳定遗传，提高原

有兔群的生产性能，从而提高养兔生产的经济效益。杂交培育的后代一般具有抗逆性强、生长发育快、产肉性能高等优点。有人曾用新西兰兔与加利福尼亚兔进行经济杂交，选育的后代生产性能和繁殖性能均明显高于双亲的平均值（表4-7）。

表4-7　新西兰白兔与加利福尼亚兔杂交选育后代效果

统计项目	新西兰白兔	加利福尼亚兔	加公 × 新母
母兔平均年产仔数 / 只	37.23	37.2	41.34
母兔平均胎产仔数 / 只	8.1	7.9	8.6
平均每窝断乳仔兔数 / 只	7.3	7.6	7.8
8 周龄平均体重 / 千克	1.93	1.68	2.03
料重比	3.41	3.01	3.05

经济杂交可以采用2个品种或品系的杂交，也可以采用多品种或品系的杂交。但无论哪种方式，都必须要经过横交固定、严格选育，各性状稳定后才能作为种用。杂交一代不经过横交固定的，只能作商品兔用。

（二）导入杂交

又称引入杂交，指当某个种兔群生产性能基本达到肉用兔的要求，但还存在某些不足的地方或某个重要经济性状需要在短期内提高，靠本品种选育难以达到目的，可以采用引入外来血缘的办法加以改良，即用另一个在这方面优秀的品种进行杂交改良。其目的是改良该品种的某些缺陷，但是保持其他优良特征。这种方法的具体步骤为：选择与原品种生产方向一致，针对原品种缺陷具有显著优势的优秀种公兔，与原品种母兔杂交，从杂交一代兔中选择优秀的种公、母兔与原种兔群回交，再从第二代或第三代中选出理想型个体进行横交固定，将这一缺陷弥补且性状比较稳定后方能作为核心种兔用。

（三）级进杂交

又称为改良杂交，当某个品种生产性能不能满足经济社会发展要求，需要被彻底改良时用的方法。它是利用优良品种改良低生产力品种的一种最有效方法。级进杂交的具体方法是：引进优良品种的种公兔与要改良的兔群母兔进行交配；从杂种一代兔中选择优秀母兔，再与优良品种的公兔交配，产生杂交二代兔；从杂种二代中选择优秀母兔，再与优良品种的公兔交配，第五代杂种后代基本达到优良品种的生产性能。

第五章
肉兔饲养管理技术要点

第一节　日常管理技术

一、捉兔方法

　　捕捉家兔是管理上最常用的技术，方法不对往往造成不良后果。家兔耳朵大而竖立，初学养兔的人，捉兔时往往捉提两耳，但家兔的耳部是软骨，不能承悬全身重量，拉提时必感疼痛（因兔耳神经密布，血管多，听觉敏锐），这样易造成耳根受伤，两耳垂落；捕捉家兔也不能倒拉它的后腿，兔子善于向上跳跃，不习惯于头部向下，如倒提易使脑充血，使头部血液循环发生障碍，以致死亡；若提家兔的腰部，也会伤及内脏，较重的家兔，如拎起任何一部分的表皮，易使肌肉与皮层脱开，对兔的生长、发育都有不良影响。

　　正确的捉兔方法见图5-1和图5-2，先使兔安静，不让其受惊，然后从头部顺毛抚摸，一只手将颈部皮肤连同双耳一起抓牢，轻轻提起，另一只手顺势托住其臀部，使兔的重量主要落在托其臀部的手上（四肢向外），这样既不伤害兔体，也可避免兔子抓伤人。幼龄兔的正确抓捉是直接抓住背部皮肤，或围绕胸部大把松松抓起，切不可握得太紧。

图 5-1 正确捉兔方法

图 5-2 正确捉兔方法

　　错误的提兔方法有（图 5-3）：抓兔耳朵，兔悬空吊起，易使耳根软骨受伤，两耳下垂；抓腰部，使腹部内的内脏受损，或造成孕兔流产；抓后腿，因兔的挣扎，易脱手摔死，引起脑出血死亡；抓尾巴，造成尾巴脱落。

正确捕捉方法　　　　错误捕捉方法—拎耳朵　　　错误捕捉方法—拎后腿

图5-3　捉兔的方法

二、年龄鉴别

在不清楚兔子出生日期的情况下，一般可以根据兔趾爪的颜色、长短、形状、牙齿的生长状况和皮板的松弛程度及眼睛的神色等来辨别兔子的年龄。青年兔趾爪平直，短而藏于脚毛之中，颜色红多于白；毛皮光滑且富有弹性；门齿短小，洁白而整齐；眼睛明亮有神，精神状态好，反应灵活。老年兔趾爪粗长，爪尖弯曲，颜色白多于红，露出脚毛外；皮厚而松弛，肉髯肥大；门齿暗黄，排列不整齐，常有破损现象；眼神无光，行动迟缓。壮年兔的特征介于前两者之间。

母性好的种兔，为提高其利用年限，应剪指甲，免得刺伤小兔。公兔也应剪指甲，以免配种时抓伤母兔，引起母兔的外伤。修爪时可以采用专门的修爪工具，也可以剪刀替代。修剪时在离脚爪红线前0.5~1厘米处剪断白色爪部分，切不可切断红线。凡是没有剪过指甲的兔子，其指甲的白∶红为1∶1左右时，兔龄基本为一岁。种兔一般1岁以后开始修爪，每年修剪2~3次。

三、性别鉴定

初生仔兔可根据其阴部孔洞形状、大小及与肛门之间的距离来鉴别公、母。母兔的阴部孔洞呈扁形，大小与肛门相似，距离肛门较近；公兔的阴部孔洞呈圆形，略小于肛门，距离肛门较远。

断奶仔兔可以直接检查外生殖器来鉴别公母。方法是将仔兔腹部向上，用拇指与食指轻压阴部开口两侧皮肤，其中公兔外生殖器呈"O"形并有圆筒状突起；母兔外生殖器呈"V"形或椭圆形，下边裂缝延至肛门，没有突起（图5-4至图5-6）。

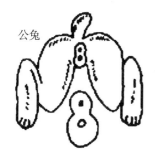

图 5-4　初生仔兔外生殖器官外观差异

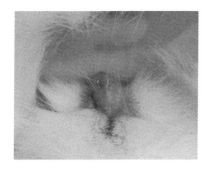
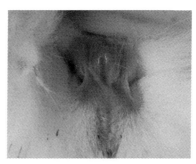

图 5-5　仔兔公兔　　　　　图 5-6　仔兔母兔

成年兔可以直接根据阴囊的有无来鉴别公母，有阴囊者为公兔，无阴囊者为母兔（图 5-7 和图 5-8）。

图 5-7　成年公兔

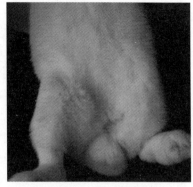

图 5-8　成年母兔

四、编耳号

为便于管理和记录，种兔须编号，兔的编号一般在断奶时进行，最适宜的部位是耳内侧。耳号的编制可根据兔场的实际情况设计，不要轻易变更，其内容一般包括品种或品系代号（常用英文）、出生年月、个体号等。为区分性别，公母兔可用左右耳编号或用单双号表示。

编耳号常用的方法有耳号钳法和耳标法。

（一）耳号钳法

采用的工具为特制的耳号钳和与耳号钳配套的字母钉和数字钉，先消毒耳部，再将已消毒和装好字钉的耳号钳夹住耳内侧血管较少的部位，用力紧压耳号钳使刺针穿过耳壳，取下耳号钳后立即在刺号处涂上醋墨（用醋研磨成的墨汁或在墨汁中加少量食醋），数日后即显出清晰的号码（图 5-9 和图 5-10）。此法简单易行，成本低廉，广泛适用于肉兔饲养场户。操作过程中要注意：排号时应为反方向，与雕刻图章类似，初学者可以在排号后在白纸上演示，及时调整号码的排列方向，务必使打出来的号码为正方向；同时，涂抹醋墨时一定要让每个号码都浸润到，否则会引起号码不清晰或者丢失。

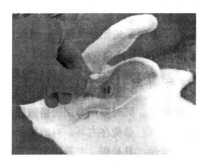

1-耳标编号　　　　　　　　　2-耳号钳墨刺编号

图5-9　家兔编号示意图

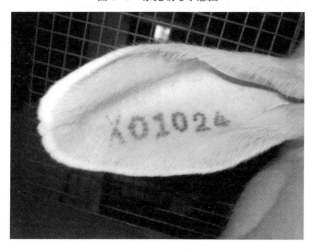

图5-10　耳号钳法获得的清晰耳号

（二）耳标法

即将金属耳标或塑料耳标卡压在兔耳上。所编号码事先冲压或刻印在耳标上（图5-11）。此法操作方便，耳标上的标记可根据需要自行设计，由厂家事先冲印或刻印到耳标上，可承载的信息量更大，记录方法更灵活，如可以在耳标上标注商标、汉字、数字、字母等。随着现代畜牧业信息化的发展，耳标上也可冲印二维码，由读号器直接与微机相连，实现个体信息化管理。耳标法广泛适用于肉兔个体识别，操作简便，信息量大，但成本较耳号钳法高。特别要注意的是，佩戴耳标的兔子只宜单笼饲养，否则佩戴的耳标极易成为相互啃咬磨牙的工具，进而造成耳朵损伤，影响个体生长发育和价值。

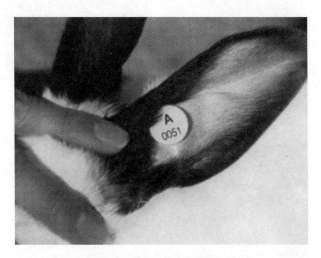

图 5-11　耳标法获得的清晰耳号

第二节　肉兔的生活习性

一、昼伏夜出和嗜睡性

肉兔由野生穴兔驯化而来。野生穴兔体格弱小，御敌能力差，在野外条件下为躲避天敌，被迫白天穴居洞中，夜间外出活动和觅食，在长期的生存竞争中形成了昼伏夜行、白天嗜睡的习性。肉兔至今仍保留了祖先的这一特性，白天除采食和饮水时间外，常常静伏于笼中休息或睡眠，夜间表现活跃，采食和饮水也多于白天。据测定，在自由采食的情况下，肉兔晚上的采食量和饮水量占全天的 70% 左右。根据这一生活习性，合理安排饲养管理日程，晚上要供给足够的草料，并保证饮水。

嗜睡性是指肉兔在一定条件下容易进入睡眠状态。在睡眠状态的肉兔，除听觉外，其他刺激不易引起兴奋，如视觉消失、痛觉迟钝或消失。肉兔的嗜睡性与其野外条件下的昼伏夜行有关，可利用此作为实验动物。了解肉兔这一习性，应尽可能保持周围环境的安静，以免影响肉兔睡眠。

二、胆小怕惊，喜欢安静

野生穴兔御敌能力差、警惕性高，在自然条件下，为躲避敌害，凭借一对听觉敏锐的耳朵，一有风吹草动，就迅速逃逸，形成了胆小怕惊、喜欢安静的习性。肉兔也一样，胆子小，听觉灵敏，突然的声响、生人和陌生动物如猫、狗等都会使其受惊，以致在笼内乱蹦乱撞，同时发出顿足声。这种顿足声会引发其他相邻兔的惊慌，导致全群受惊。突然的惊吓会引起兔子产生应激反应，严重者导致食欲减退、母兔流产、正在分娩的母兔难产甚至咬死或吃掉仔兔、泌乳母兔拒绝哺乳等。因此，在饲养过程中，饲养员动作一定要轻，尽量避免弄出突然惊吓的声响；同时不让陌生人或猫、狗等动物进入兔舍；在修建兔舍时遵循远离噪声的原则，兔舍尽量远离车站、交通要道、工厂或噪声强烈的地方，不在兔舍周围燃放鞭炮。

三、喜欢干燥，怕热

肉兔厌恶潮湿、喜欢干燥、爱清洁。实践表明，干燥清洁的环境是保持兔子健康的重要前提，而潮湿、污秽的环境是兔子发病的重要诱因之一。兔舍的适宜相对湿度为 60%~65%。根据这一习性，在兔场选址时应选择地势高燥、排水性能好的地方；科学设计兔舍和兔笼，定期进行清扫和消毒，日常管理中保持兔舍通风透气、干燥清

第五章 肉兔饲养管理技术要点

洁，可减少疾病的发生，提高兔产品质量。

肉兔的正常体温为 38.5~39.5℃，昼夜间由于环境温度的变化，体温有时相差 1℃左右，这与其体温调节能力差有关。肉兔被毛浓密，汗腺不发达，主要通过呼吸散热来维持其正常体温。肉兔的临界温度 5~30℃，成年兔最适环境温度 15~25℃，刚出生的仔兔窝内最适温度 30~32℃。所谓临界温度是指肉兔体内各种机能活动所产生的热量，大致能维持正常体温，处于热平衡的适宜状态的温度。最适温度范围内肉兔感到最为舒适，生产性能表现最好。

临界温度以外对肉兔有害。在高温环境下，肉兔的呼吸、心跳加快，采食量减少，生长缓慢，繁殖力下降。在我国南方一些地区出现夏季不孕现象，环境温度持续 35℃以上，如果通风降温不良，兔易发生中暑死亡。相对而言，低温对肉兔的危害要轻，在一定程度的低温环境下，肉兔可以通过增加采食量和动物体内营养物质的分解来维持生命活动和正常体温。但低温环境也会导致生长发育缓慢、繁殖力下降，饲料报酬降低，经济效益下降。

初生仔兔体温调节能力差，体温随环境温度的变化而变化，至10~12 日龄时才能保持相对恒定，因此环境温度过高或过低均会危害仔兔，一定要做好初生仔兔的防寒保暖工作。

温度是肉兔的重要环境因素之一，提高肉兔的生产性能必须重视，在兔舍设计时就应充分考虑，给肉兔提供理想的环境条件，做到夏季防暑冬季防寒。

四、食草性和食粪性

肉兔喜欢采食饲草的习性称作食草性，也叫素食性。肉兔的食草性由其消化系统的结构特点和机能决定。兔的上唇纵向裂开，门齿裸露，适于采食地面的矮草，亦便于啃咬树皮、树枝和树叶；兔的门齿呈凿形咬合，便于切断和磨碎食物；兔臼齿咀嚼面宽，且有横嵴，适于研磨草料。兔的盲肠发达，有大量微生物，起着牛羊等反刍动物瘤胃的作用。与其他草食性动物一样，肉兔喜欢吃植物性饲料，不喜欢吃鱼粉、肉、骨粉等动物性饲料。在饲草中，肉兔喜欢吃豆科、十字花科、菊科等多叶性植物，不喜欢吃禾本科、直叶脉的植物等；在植株部位的选择上，喜欢吃幼嫩的部分。

肉兔的食草性决定了肉兔是一种天然的节粮型动物，可缓解人畜争粮的矛盾，符合国家产业政策和有助于产业结构调整。

肉兔具有采食自己部分粪便的本能行为称为食粪性，也称之为兔的"反刍"，与其他动物的食粪癖不同，肉兔的这种行为非病理，而是正常的生理现象，对肉兔本身具有重要的生理意义。正常情况下，肉兔排出两种粪便，一种是量大、粒状、表面较为粗糙的硬粪，依饲料种类不同而呈现深、浅不同的褐色，大部分在白天排出；另一种是团状的软粪，多呈念珠状排列，量少，质软，表面细腻，如涂油状，通常呈黑色，大部分在夜间排出。正常情况下肉兔排出软粪时直接用嘴从肛门处采食，稍加咀嚼便吞咽。肉兔从开始吃饲料就有食粪行为，一般情况下，很少发现有软粪的存在，只有当肉兔生病时才停止食软粪。肉兔一般不会采食硬粪，偶见排泄软粪少的幼兔吞食硬粪，而成年兔在饲料不足时也吞食硬粪。

软粪和硬粪的组成相同，但成分含量差别大，软粪中含有大量的蛋白质、维生素等，纤维含量较低，营养价值高。因此，肉兔食软粪的习性有重要生理意义，不仅能从软粪中获得所需的蛋白质和维生素等营养物质，而且间接延长了饲料通过消化道的时间，提高了饲料的消化吸收率。

五、群居性差，好斗

小兔喜欢群居、胆小，群居条件下相互依靠，具有壮胆作用，但是随着月龄的增大，群居性越来越差，群养时同性别之间常常发生争斗、撕咬现象，特别是性成熟后的公兔之间或新组建的兔群中，争斗咬伤现象尤为严重，轻者损伤皮毛，重者严重致伤或致残（图5-12和图5-13），甚至咬坏睾丸，失去配种能力，在管理上应特别注意。在生产中，3月龄前的幼兔多采用群养方式，以节省笼舍，但3月龄以上的公母兔应单笼饲养，可防止打斗和早交乱配现象。

图5-12 打架斗殴致伤
（表皮损伤）

图5-13 打架斗殴致残
（耳朵缺失）

六、嗅觉灵敏

肉兔的嗅觉灵敏，主要通过嗅觉分辨不同的气味，识别领地、性别、仔兔和饲料等（图5-14）。母兔在发情时阴道释放出一种特殊的气味，可被公兔特异性地接受，刺激公兔产生性欲。当把母兔放到公兔笼内时，公兔并不通过视觉识别，而通过嗅觉闻出来。如果一只母兔刚从公兔笼内配种后而马上捉到另一只公兔笼里，这只公兔不仅不配种，可能还攻击母兔，因为母兔带有另一只公兔的气味，使得它误认为是别的公兔闯入自己的"领地"而表现出捍卫"领地"的行为。因此，在采用双重配种或调换配种公兔时，一定要等前一只公兔的气味消散了才捉入另一只公兔笼内。母兔识别自己的仔兔也通过嗅觉

图5-14 公兔通过嗅觉识别母兔

实现，利用该特性，在仔兔需要寄养或并窝时，可以通过干扰母兔嗅觉的方法，如涂抹尿液或乳汁、在母兔鼻端涂抹气味较大的清凉油等扰乱母兔嗅觉或提前将被寄养仔兔与原有仔兔放在一起以掩盖原有的味道等，使母兔识别不清，从而使寄养或并窝获得

成功。兔子在采食前会先用鼻子闻饲料的味道，如果饲料成分有所改变或发生霉变、腥臭等，兔子采食的欲望会降低，甚至拒绝采食。

七、啃齿行为

肉兔的第一对门齿是恒齿，出生时就有，永不脱换，且不断生长。如果处于完全生长状态，上颌门齿每年生长可达 10 厘米，下颌门齿每年生长达 12 厘米。由于其不断生长，肉兔必须借助采食和啃咬硬物，不断磨损，才能保持牙齿适当的长度和上下门齿的正常吻合，便于采食。这种借助啃咬硬物磨牙的习性，称为啃齿行为。

了解了这一习性，建造兔笼时就必须充分考虑材料的坚固性和耐磨性，尽量采用肉兔不爱啃咬或啃咬不动的材料，如砖、铁结构，笼子用砖，笼门用铁丝，如用木头、竹片或普通的塑料等就容易被啃坏。笼具尽量做到笼内平整，不留棱角，使兔无法啃咬。木质产仔箱最好在箱口外缘包上一层铁皮，竹制笼底板的间隔适中，不能过宽。给兔饲喂有一定硬度的颗粒饲料以及在笼内投放木块或一些短树枝等（图 5-15），可满足其啃咬磨牙的习性，减少对笼具的损坏。

图 5-15　用于肉兔磨牙的木棒

生产中会发现个别兔子长"獠牙"（图 5-16、图 5-17），其实这是由于肉兔上下门齿错位无法正常磨损而越长越长，以致上或下门齿长出口腔外引起的。此种情况一般有两个原因：一是非遗传因素引起的，如饲料长期过软，无法给兔子提供磨牙的条件，使得发病机会增多；二则是遗传因素引起的：肉兔有一种遗传病，叫下颌颌突畸形，由常染色体上的一个隐性基因控制，其症状是颅骨顶端尖锐，角度变小，下颌向前推移，使得第一对门齿不能正常咬合，通常发生在仔兔初生后3周，发病率低。种兔或后备兔出现这种现象应淘汰，如商品兔出现"獠牙"，应及时修剪，直至出栏。

图5-16　正常兔牙齿　　　　图5-17　长"獠牙"的肉兔

第三节　饲养管理的基本原则

一、因地制宜科学选择日粮

肉兔为单胃食草动物，具有发达的盲肠，有很强的分解、消化粗纤维的能力，对一般饲草中粗纤维的消化率高达14%，其消化系统的解剖学特点决定了家兔的饲粮中必须有草，这是肉兔养殖的基本原则。如果日粮中粗纤维含量太低，兔的正常消化功能就会受到扰乱，引起腹泻甚至死亡。但是，完全依靠青粗饲料并不能把兔养好，因青粗饲料营养浓度低，不能完全满足家兔对营养的需求，对其高产性能的发挥也不利。因此，肉兔的饲料应以青粗饲料为主，再根据不同生理阶段或生产需要，将营养不足的部分补给一定数量的精饲料、维生素和矿物质等营养物质。这样，既符合肉兔的消化生理特点，又能满足机体对营养物质的需求，还能合理地利用植物性粗饲料，从而达到降低饲料成本，提高经济效益的目的。

随着肉兔饲料营养需求研究进展，目前肉兔养殖行业普遍使用两种类型的日粮，分别为全价饲料和青饲料加精料补充料。两种类型的日粮都能够满足兔子的采食特性和营养需求，具体选用哪一种，要根据实际情况而定。在饲草资源丰富，成本低廉的季节和地区，肉兔养殖应以青粗饲料为主，精饲料为辅，可大大节约饲料，降低养殖成本；而在饲草资源缺乏的季节和地区以及大型现代集约化兔场，则可采用全价颗粒饲料，以满足兔子的采食需求，降低劳动量。在饲喂全价料的同时给种兔补充少量青绿饲料，有助于提高其繁殖性能。

二、保证饲料品质合理调制

兔子的消化道疾病占疾病总数的半数以上，且多与饲料有关。有了科学的饲养标准和合理的饲料配方仅仅是完成了饲料的一半，更重要的一半是饲料原料的质量和饲料配合的技术。生产中，由于饲料品质问题而造成死亡的现象举不胜举。在养兔中应注意做到"五不喂"，也即有毒有害的饲料不喂、霉烂变质的饲料不喂、喷洒过农药的饲料不喂、带泥带水带沙的饲料不喂、冰冻饲料不喂，这是减少肉兔发生消化道疾病和死亡的重要前提。

与牛、羊等相比，肉兔对食物具有明显的偏好性，为改善饲料的适口性，减少浪费，提高消化率，要针对不同饲料原料的特点，进行适当的加工调制。如青草和蔬菜类饲料应先剔除有毒、带刺的植物，块根类饲料宜洗净、切碎或刨成细丝与精料混合喂给；配合饲料宜制成颗粒饲料饲喂。此外，还要规范饲料配合和混合搅拌程序，特别是使配合饲料中的微量成分均匀分布，预防由于混合不均匀导致的严重后果。

肉兔生长快、繁殖力高、体内代谢旺盛，需要从饲料中获得多种

养分才能满足其需要。各种饲料所含养分的质和量不同，饲喂单一饲料，不能满足兔的营养需要，易造成营养缺乏症，从而导致生长发育不良。多种饲料合理搭配，实现饲料多样化，可使各种养分取长补短，以满足兔对各种营养物质的需要，获得全价营养。

三、掌握饲喂技术

兔子采食具有多餐习性，一天可采食 30~40 次。日采食的次数、间隔时间、采食的数量受饲料种类、给料方法及气温等因素的影响。要想肉兔长得快，提高采食量是关键。

目前，国内肉兔饲喂方法大体分为以下 3 种。

（一）自由采食

自由采食就是保证料槽中 24 小时都有饲料，兔子可以随时采食。采用自由采食的饲喂方法不仅可以提高肉兔的采食量和日增重、缩短上市日龄，还能节省劳动力，降低养兔的技术门槛。但是自由采食一般只适用于粗纤维含量达到 14% 以上的全价颗粒饲料，而且耗料多，浪费大，饲料报酬低，单位养殖利润不高，因而适合规模较大的集约化兔场。自由采食兔每天的日粮可以一次投给，如果料槽设计得当，也可将几天的饲料一次加入。

（二）限制饲喂

限制饲喂是根据不同品种、体型、体况、季节和气候条件等，定时间、定次数、定数量、定顺序饲喂，以养成兔定时采食、休息和排泄的习惯，有规律地分泌消化液，促进饲料的消化吸收。相反，喂料多少不均，早迟不定，不仅会打乱兔的进食规律，造成饲料浪费，还会诱发消化系统疾病，导致兔的生长发育迟缓，体质低下，甚至死亡。限制饲喂一般适用营养浓度较高的全价颗粒饲料，其采食量和生长速度相较自由采食稍低，但浪费少，饲料报酬高，且消化系统的发病率和死亡率也有所降低，单位收益较高，适于中、小规模的养殖户。

限制饲喂时一般要求每天饲喂 2~4 次。仔幼兔消化能力弱，宜少喂勤添。夏季炎热，兔的食欲下降，特别是在中午温度最高时，兔基本上趴卧休息，采食极少，而早晚较凉爽，兔的食欲较好，故饲喂时宜在早晚进行，并做到"早饲早，晚饲饱"。在喂料量上，由于我国尚无专门的肉兔饲养标准，因此肉兔饲料市场相对混乱。各个厂家生产的饲料营养水平均不同，大体存在严格限饲饲料（粗纤维水平在 11%~12%，营养水平高）和近自由采食饲料（粗纤维水平在 12%~14%，营养水平中等），因而指导饲喂量差异较大。一般而言，幼兔的日均喂量为 75~100 克（日喂料量为兔自身重的 7% 左右），成年兔一般日饲喂量 100~150 克，并根据所处生理阶段（如妊娠、泌乳等）和体况等进行调整。

（三）混合饲喂

混合饲喂时将肉兔的饲粮分成两部分，一部分是基础饲料，包括青绿饲料、粗饲料等，这部分饲料采用自由采食的方法；另一部分是补充饲料，包括精料补充料、高营养浓度全价颗粒饲料以及块根、块茎饲料等，这部分饲料采用限制饲喂的方法。混合饲喂肉兔生长速度稍慢，且操作需耗费较多的劳力，但是因补充了大量的青粗饲料，饲料成本大大降低，单位收益高，适合草料丰富的农村小规模饲养。肉兔采食青粗饲料的能力，大体是体重的 10%~30%，随着体重的增加，其比例下降（表 5-1）。因此，尽管青、粗饲料采用的是自由采食，仍要掌握每日的最大供给量。

表5-1　肉兔日采食青草的数量

体重 / 克	采食青草量 / 克	采食青草量占体重的百分比 /%
500	153	31
1000	216	22
1500	261	17
2000	293	15

（续表）

体重 / 克	采食青草量 / 克	采食青草量占体重的百分比 /%
2500	331	13
3000	360	12
3500	380	11
4000	411	10

在饲喂量上，仔、幼兔日平均饲喂青饲料 250 克以上，精料补充料 25~75 克（日喂料量为兔自身体重的 5% 左右），成年兔日平均饲喂青饲料 500 克以上，精料补充料 50~150 克，并根据自身生理状况（如妊娠、泌乳等）适当进行调整。

四、更换饲料逐渐过渡

家兔的嗅觉和味觉灵敏，容易辨别饲料成分的变化，采食比较挑剔，而其消化系统对不同成分的饲料的消化需要经过一段时间才能适应，因而，频繁变换饲料不仅影响肉兔的采食量，而且由于消化道不能适应饲料变化，容易引起消化机能紊乱。一年之中，饲草和饲料来源总是在发生变化，一般来说，夏、秋季节以青绿饲料为主，冬、春季节以干草和块根、块茎类饲料较多，即使是采用全价的颗粒饲料，也会面临不同厂家配方不同、同一厂家不同批次所使用的原料不同等问题。在饲喂过程中，不同年龄阶段的家兔所采用的饲料不尽相同（如仔兔补饲阶段采用的是仔兔补饲料，幼兔阶段则采用育肥兔料等），而且引种时也会出现引种场和本场中饲料不一致的情况，因此，在变化饲料时，不能突然更换，要逐渐进行，例如从外地引种时，要随兔带来一些引种场中饲喂的饲料。

更换饲料，无论是数量的增减或种类的改变，都必须坚持逐步过渡的原则。变化前应逐渐增加新饲料的比例，原来所用的饲料量逐渐减少，但增减用量不能太快，每天不宜超过 1/3，一般过渡 5~7 天为宜，使兔的消化机能与新的饲料条件逐渐适应。如果饲料突然改变，往往容易引起兔子的食欲降低或消化机能紊乱，发生腹泻、腹胀等消化道疾病或伤食，影响家兔的健康。

五、保障饮水的供给

水为兔生命活动所必需，维持其生理机能活动，完成营养物质在体内的消化、吸收及残渣的排泄，都离不开水。水还有调节体温的作用，也是治疗疾病与发挥药效的调节剂，是维持各种生理机能活动不可或缺的。供水不足对兔的各种生产性能，如繁殖、哺乳、生长发育、产肉性能等都会造成严重影响。有试验指出，如果完全不供水，成年兔只能活 4~8 天，供水充足不给料，兔可活 21~30 天。由此可见，缺水比缺饲料更难维持生命。保证清洁饮水的供给，应列入日常的饲养管理操作规程。

家兔每天的需水量与采食量有关，一般饮水量与采食量的比例为 1.7：1。在适宜的温度条件下，对于生长兔，这一比例稍高；而对于成年兔，这一比例则接近 2：1。如果没有水，饲料采食量将急剧下降，并在 24 小时内停止采食；限制饮水量或饮水时间，会导致饲料采食量与饮水量呈比例性下降。饮水量和采食量随环境温度和湿度的变化而变化，当昼夜温度均升高到 20℃以上时，采食量趋于下降，而饮水量增加；高温时（30℃或以上），兔的采食量和饮水量均下降，进而影响生长和泌乳等生产性能。

要想获得较为理想的饲喂效果，最好是保证 24 小时不断水，理想的供水方式是采用全自动饮水系统。在使用时一定要注意，即使是全自动饮水系统，也有可能发生堵塞或水压不足的现象，影响供水。因此一定要随时检查，定期冲洗维修，确保兔笼供水充足。若确实没条件安装自动饮水系统，可就地取材，用瓦罐、瓷杯、竹槽等代替饮水器，但必须勤换勤添。此外，家兔的饮水质量与数量一样重要，一定要保证干净清洁。在夏季或发病较多的季节，可在水中添加少量食盐、解暑药或抗生素等，还可起到保健作用。冬季温度较低时，特别是在北方和海拔较高的地区，饮水易结冰，要注意不给兔饮用冰冻水，以免造成大面积腹泻。

六、创造良好的环境条件

要根据肉兔的生活习性、生理要求以及当地自然生态条件，尽量给兔创造良好的环境条件，这是充分发挥肉兔生产性能的前提。

（一）注意清洁卫生，保持笼舍干燥

家兔喜清洁、爱干燥，其抗病能力较差，粪多尿浓、易于污染环境。因此，必须做到勤打扫笼舍、洗刷饲具，及时清除粪尿、勤换垫草、定期消毒；采取各种措施防止笼舍内湿度过大，兔舍不宜经常冲洗，防止饮水器、水箱等漏水，兔舍四周排水管道畅通，防止污水积存。雨季是一年中发病和死亡率较高的季节，此时应特别注意保持舍内干燥，通风换气良好，以保持清洁干燥的环境条件，减少病原微生物的滋生，从而有效地防止疾病。

（二）夏季防暑降温、冬季防寒保暖

适宜的温度是保证肉兔正常生长发育、产肉、繁殖的前提条件。温度过高，肉兔呼吸增快，食欲下降，生长缓慢，增重降低，公兔性欲降低或消失，精液品质差，母兔不接受交配；温度过低，肉兔为了维持其体温，则需将采食的部分饲料转变为热能以抵御寒冷，从而降低增重，甚至停止生长。我国气候条件南北各异，应根据当地的地理环境、气候特点、兔舍构造以及兔场的经济实力等，采取各种措施或安装必要的设施设备，做好夏季防暑降温、冬季防寒保暖工作。

兔舍前种植树木和攀缘植物（图5-18），搭建遮阳棚（图5-19），窗外设挡阳板，窗户挂窗帘等，以减少阳光对兔舍的照射，降低舍内温度。

安装通风设备，加强通风量，促使空气流动，帮助兔体散热，并驱散舍内产生和积累的热量。

图5-18　兔舍前种植攀缘植物遮阴

图5-19　兔舍前搭遮阴网遮阴

（三）保持安静，防止惊扰

肉兔胆小易惊，听觉灵敏，经常竖起耳朵听声，稍有响动，则惊慌失措，到处乱窜，不利于对保持健康和正常的生长，特别是在肉兔分娩、哺乳和配种时，这种影响造成的后果严重。因此，在进行日常饲养管理操作时要动作轻柔，严禁在兔舍附近鸣笛、放鞭炮等，保持环境安静。兔舍尽量避免外人参观，防止猫、狗、蛇、老鼠等对兔的侵害。

（四）分群、分笼管理

为便于管理，有利于肉兔的健康，每个养殖场户都应按照肉兔的品种、年龄、性别、体质强弱、所处生理阶段等进行分群分笼饲养，并做好相应的管理措施。3月龄以上的后备兔和种公、母兔，必须单笼饲养，繁殖母兔必须配备有产仔室或产仔箱，幼兔要根据日龄、体重大小分别饲养。

七、严格防疫制度

严格防疫制度是家兔饲养管理的重要环节。与其他家畜相比，家兔的抗病力较弱，各种不利的应激因素如引种、惊吓、饲料霉变、环境潮湿、拥挤、转群等以及病原感染都容易导致疾病的发生。任何一

个兔场或养殖户，都必须牢记以预防为主、治疗为辅、防重于治的基本原则，建立健全引种隔离、日常消毒、定期巡检、预防注射疫苗或预防投药、病兔隔离及加强进出兔舍人员的管理等防疫制度。此外，每天要认真观察兔的粪便、采食和饮水、精神状态等情况，做到有病早治、无病早防。

第四节　不同生理、生产阶段肉兔的饲养管理技术

一、种公兔的饲养管理技术

俗话说，"母兔好，好一窝；公兔好，好一坡"。肉兔生产中，种公兔所占比例较小，但所起作用较大。饲养种公兔的目的就是要完成配种任务，使母兔能够及时配种、妊娠，以获得数量多、品质好的仔兔。完成这一任务，首先要求种公兔生长发育良好、体质健壮、肥瘦适度、配种能力强，能够及时完成配种任务；其次，种公兔应能提供数量多、质量优的精液。种公兔精液品质好坏直接影响到母兔能否正常妊娠、产仔的质量和数量。因此，必须重视种公兔的饲养，提高精液品质和精子活力，增强种公兔的体质和配种能力。

（一）公兔作为种用的标准

种公兔的品种质量和养殖好坏对养兔场整个兔群的质量影响较大，因此根据要求选择种公兔十分重要。对种公兔的要求是：品种特征明显；头宽而大；胆子大；体质结实，体格健壮；两个睾丸大而匀称；精液品质好，受胎率高。

（二）种公兔的选留和培育

1. 种公兔选留

（1）父母优秀　种公兔要从优秀父母的后代中选留，也就是说，选留种公兔首先要看其父母。一般要求，父代要体型大，生长速度快，被毛形状优秀（毛用和皮毛用兔）；母亲应该产仔性能优良，母性好，泌乳能力强。

（2）睾丸大而匀称　睾丸大小与家兔的生精能力呈显著的正相关，选留睾丸大、左右匀称的公兔，可以提高精液品质和精液量，从而提高受精率和产仔量。

（3）性欲旺盛胆子大　公兔的性欲可以通过选择而提高，因此选留种用公兔时，性欲可以作为其中指标之一。

（4）选择强度　选留种用公兔时，其选择强度一般在10%以内，也就是说，100只公兔最多选留10只预留作种用。

2. 后备种公兔的培育

（1）饲料营养　要求全面、水平适中，切忌用低营养浓度日粮饲喂后备种公兔，不然会造成"草腹兔"而影响以后的配种。

（2）饲养方式　以自由采食为宜，但要注意调整，防止过肥。

（3）笼位面积　要适当大一些，以便增加运动量。

（4）及时分群　3月龄以上时要及时分群，公母分饲，以防早配、滥配。

（三）种公兔的饲养技术

1. 非配种期种公兔饲养技术

非配种期的公兔需要的是恢复体力，所以要保持一定的膘情，不能过肥或过瘦，需要中等营养水平的日粮，并要限制饲喂，配合饲料喂量限制在80%，添喂青绿多汁饲料。

2. 配种期种公兔饲养技术

（1）营养需求特点　中等能量水平（10.46兆焦/千克）。过高易造成公兔过肥，性欲减退，配种能力下降；过低，造成公兔掉膘，精液量减少，配种效率降低，配种能力也会下降。

蛋白质。蛋白质数量和品质对公兔的性欲、射精量、精液品质等均有较大影响，因此日粮蛋白质要保持一定水平（17%），最好添加适当比例的动物性饲料原料，以提高饲料的蛋白质品质。

维生素和矿物质。维生素、矿物质对公兔精液品质影响大，尤其是维生素A、维生素E、钙、磷等。所以，配种期种公兔的饲料中要补充添加，尤其是维生素A更易受高温和光照影响而被破坏，更要适当多添加。

（2）提早补充　精子的形成有个过程，需要较长的时间，所以营养物质的补充要趁早，一般在配种前20天开始。

（四）种公兔的管理措施

1. 单笼饲养

成年种公兔应单笼饲养，笼子的面积要比母兔笼大，以利于运动。

2. 加强运动

运动对维持种公兔的体质、性欲、交配能力、精液量及精液品质等都十分重要，条件允许的话定期让公兔在运动场地运动1~2小时，尽量创造公兔的运动机会。

3. 保持兔笼安全

公兔笼底板间隙以12毫米为宜，而且前后宽窄要匀称，过宽或前后宽窄不匀会导致配种时公兔腿陷入缝隙导致骨折；笼内禁止有钉子头、铁丝等锐利物，以防刺伤公兔的外生殖器；及时关好笼门。

4. 缩短毛用公兔养毛期

毛兔被毛过长，会减少射精量，降低精液品质，增加畸形精子（主要是精子头部异常）比例，从而影响配种质量。因此，对毛用种兔要尽量缩短其养毛期。

5. 注重健康检查

重视公兔的日常健康检查，经常检查公兔生殖器，如发现梅毒、疥癣、外生殖器炎症等疾病，应立即隔离治疗。

（五）种公兔的使用技术

1. 控制种用年限

种公兔超过一定利用年限后，其配种能力、精液量、精液品质等都会明显下降，逐步失去种用价值，要及时更新和淘汰。从配种算起，一般公兔的利用年限为 2 年，特别优秀者不超过 3~4 年。

2. 掌握配种频率

初配公兔：隔日配种，也就是交配 1 次，休息 1 天；青年公兔：1 次 / 日，连续 2 天休息 1 天；成年公兔：可以 2 次 / 日，连续 2 天休息 1 天。长期不用的公兔开始使用时，头 1~2 次为无效配种，应采取双重交配，也就是用 2 只公兔先后交配 2 次。生产中，配种能力强（好用）的公兔过度使用配种能力弱（不好用）公兔很少使用的现象比较普遍，导致优秀公兔因过度使用，性功能出现不可逆衰退，不用的公兔长期放置性功能退化，久而久之会影响整个兔群的正常配种和繁育工作，应引起足够的重视。

3. 控制公母比例

自然交配时，兔群中成年公兔与可繁殖母兔的比例为 1：（8~10），种公兔中壮年比例占 60%、青年占 30%、老年占 10% 为好；采用人工授精时，公母比例为 1：（50~100）。

（六）消除公兔"夏季不育"的措施

所谓"夏季不育"是指炎热的夏季配种后不易受胎的现象。当气温连续超过 30℃以上时，公兔睾丸萎缩，曲精管萎缩变性，暂时失去产精能力，此时配种便不易受胎。可通过以下方法消除或缓解"夏季不育"。

1. 创造非高温养殖环境

炎热高温季节，将公兔饲养在安装空调兔舍或凉爽通风的地下室，对消除"夏季不育"现象有明显效果。

2. 使用抗热应激添加剂

通过使用一些抗热应激的添加剂缓解"夏季不育"的危害。如按

10克/100千克的比例在饲料中添加维生素C，可增强公母兔的抗热应激能力，提高受胎率，增加产仔数。

3.选留抗热应激能力强的公兔作种用

在高温维持时间较长的地区养殖家兔，有必要在选留公兔时将抗"夏季不育"作为一个指标，通过精液品质检查、配种受胎率测定等选留抗热应激能力强的公兔作为种用。

（七）缩短"秋季不孕"期的措施

生产中发现，兔群在秋季配种受胎率不高，恢复需要持续1.5~2个月时间，且恢复期与高温的强度、持续的时间有较大关系，这便是"秋季不孕"现象。目前一致认为，该现象是高温季节对公兔睾丸的破坏所造成，缩短"秋季不孕"期对提高兔群繁殖能力十分重要，可采用以下措施。

1.提高饲料营养水平

提高公兔饲料营养水平能明显缩短"秋季不孕"期。粗蛋白质18%，维生素E60毫克/千克，硒0.35毫克/千克，维生素A12 000国际单位/千克。

2.使用抗热应激添加剂

使用兔专用抗热应激添加剂可以在一定程度上缩短"秋季不孕"期。

二、种母兔的饲养管理技术

种母兔是兔群的基础，其饲养管理的好坏直接关系到后代的生活力和生产性能，因其在空怀、妊娠和泌乳三个阶段的生理状态和营养需求有较大差异，因而要根据各阶段的特点，采取相应的饲养管理措施。

（一）空怀期的饲养管理

空怀期是指从仔兔断奶到再次配种妊娠这一段时间，又称配种准备期。因空怀期既未妊娠也未哺乳，从繁殖效率的角度来看，是多余的时期，但在生产实际中却非常必要。母兔空怀期的长短主要取决于繁殖方式：在采用频密或半频密繁殖制度时（如 42 天或 49 天周期化繁殖模式），母兔一直处于妊娠、泌乳或妊娠泌乳并存的阶段，不存在空怀期；而采用延期繁殖方式时，则有一定的空怀期。对于采用延期繁殖方式的母兔，空怀期的长短则取决于母兔的体况。正常情况下，仔兔断奶 5~10 天后母兔即可发情配种，但有时一些母兔发情时间延长，或者不能正常发情配种。造成母兔不能正常发情的原因有：由于妊娠—泌乳阶段母兔消耗了大量养分，体质瘦弱，内分泌系统也受到影响，性激素分泌失调，不能发情或发情周期延长；饲料营养水平过高，投喂量过大，使母兔过于肥胖，导致体内积蓄大量脂肪，卵巢周围脂肪蓄积，阻碍卵泡发育，使母兔不发情或发情周期延长；此外，母兔患病特别是生殖器官疾病等也会造成母兔发情不正常。因此，空怀期母兔的饲养目的是保持不肥不瘦的体况，健康，能够正常发情配种，尽量缩短空怀期，提高母兔配种的受胎率。

1. 空怀母兔的饲养

由于没有其他生产负担，空怀母兔主要任务是尽快恢复体况，所以其营养需比其他阶段少，但要注意蛋白质和能量的供给。蛋白质不仅要考虑数量，还要注意品质。如果蛋白质供应不足或品质不良，可导致卵泡发育受阻，性周期紊乱等现象。能量不足会致母兔过瘦，过量会造成母兔过肥，都会影响母兔的繁殖性能。空怀母兔适宜的蛋白水平为 16%~18%，能量水平为 10.75 兆焦 / 千克。此外，维生素和矿物质对维持母兔良好的繁殖机能也是极为重要的。有条件的兔场要给空怀母兔提供多量青绿饲料，这类饲料含有丰富的维生素，对排卵数、卵子质量和受精都有良好的作用，也利于空怀母兔迅速补充泌乳期矿物质的消耗，恢复母兔繁殖功能，以便及时配种。

空怀期母兔一般采用限制饲喂或混合饲喂的方法。限制饲喂时，每天饲喂颗粒饲料 100~150 克；混合饲喂时，青绿饲料每日 500 克以上，精料补充料 50~100 克。颗粒饲料或精料补充料每天饲喂 2 次，注意饲料品质。在此基础上，要注意针对母兔个体情况酌情增减

喂量，过于肥胖时则适当减少喂料，过于瘦弱则应适当增加喂料量，以使其尽快恢复种用体况。

2. 空怀母兔的管理

提供一个适宜的环境条件，对提高母兔的生产性能有重要意义。空怀母兔要单笼饲养，兔舍要干燥、通风、透光、清洁卫生。影响母兔繁殖最主要的环境因素是温度和光照。兔对环境温度的适应范围为5~30℃，在适应范围内兔生存没有问题，最适温度15~25℃，在此温度范围内，繁殖可正常进行配种。温度高于30℃或低于5℃时，母兔发情率降低，即使交配，空怀率也较高。因此，冬季应注意防寒保暖，夏季注意防暑通风。光线是一种兴奋因素，对母兔的繁殖有重要的影响。在充足的阳光和一定的光照时间下，卵泡才能正常发育。长期黑暗的情况下，下丘脑－垂体－卵巢轴生殖机能活动受到抑制，卵巢上的原始卵泡发育缓慢或受到抑制，母兔不发情，繁殖停止。因此，在生产实践中，应注意保证适当的光照强度和时间，对长期照不到光线的家兔，应调到光线较好的笼位，以保证母兔性机能正常。

其次，要及时治疗疾病。如果空怀母兔调整饲喂量后体况仍不能及时恢复，也不能正常发情配种，则可能是由疾病造成。泌乳期内母兔营养物质消耗很多，往往会因营养物质失衡而造成食欲不振、消化不良等消化系统疾病以及一些代谢病，如钙、磷的流失造成的疾病等。有些母兔则可能因交配、人工授精或产仔而患有生殖系统疾病，如输卵管炎症、子宫内膜炎、子宫积脓等。母兔乳房炎是常发病，配种前先要认真检查治疗，做好选择淘汰。空怀期也是选择淘汰母兔的时期，主要是看繁殖性能、体况和年龄，对于连续3胎空怀、产仔数和断奶成活数偏少，年龄过大以及体质过于衰弱，无力恢复的母兔，要及时淘汰，以保持群体较高的生产水平，提高经济效益。要及时观察发情情况，适时配种。母兔在断奶后5~7天就会发情，饲养人员要认真观察，以便及时配种。对于不发情的母兔要检查原因，及时采取相应的措施。

（二）妊娠期的饲养管理

妊娠母兔的管理工作中心是"保产"，一切保产技术措施都应该是围绕保护母兔生产正常仔兔来进行。保产可以采取以下几项技术措施。

1. 保胎防流产

流产一般发生在妊娠后 15~25 天，尤其是 25 天左右多发，此阶段母兔受到惊吓、挤压、摸胎不正确、食入霉变饲草料或冰冻饲料、疾病、用药不当等，都可能引起流产，应针对性采取措施加以预防。否则会造成重大损失。

2. 充分做好分娩前准备工作

一般情况下，产前 3 天将消好毒的产仔箱（图 5-20）放入母兔笼内，产仔箱内垫好刨花或柔软的垫草（图 5-21）。母兔在产前 1~2 天要拉毛做窝（图 5-22）。据观察，母兔产前拉毛做窝越早，其哺乳性能会越好。对于不拉毛的母兔，在产前或产后要进行人工拔毛（图 5-23），以刺激乳房泌乳，利于提高母兔的哺乳性能。

图 5-20　产仔箱消毒

图 5-21　产仔箱内放入刨花

3. 加强母兔分娩管理

分娩多在黎明时分，一般情况下母兔产仔都会顺利，每 2~3 分钟产下 1 只，15~30 分钟可全部产完。个别母兔产下几只后要休息一会，有的甚至拖至第二天再产，这种情况往往是由于产仔时母兔受

图5-22 临产母兔自己拉毛做窝

图5-23 临产母兔人工辅助拉毛

到惊吓所致。因此，母兔分娩过程中，要保持安静，严冬季节要安排值班，对产到箱外的仔兔要及时保温，放入产仔箱内。母兔产仔完成后，要及时取出产箱，清点产仔数（必要时要称初生窝重和打耳号），剔出死胎、畸形胎、弱胎和沾有血迹的垫草。分娩后，因失水、失血过多，母兔身体虚弱，精神疲惫，口渴饥饿，所以要准备好盐水或糖盐水，同时要保持环境安静，让母兔得到充分的休息。

4. 诱导分娩

生产实践中，50%的母兔分娩是在夜间，初产母兔或母性差的母兔，易将仔兔产在产仔箱外，得不到及时护理容易造成饿死或掉到

图5-24 人工拔毛—诱导分娩

粪板上死亡，尤其是冬季还容易造成冻死，从而影响仔兔的成活率。采取诱导分娩技术，可让母兔定时产仔，有效提高仔兔成活率。

诱导分娩的具体操作方法：将妊娠30天以上（含30天）的母兔，放置在桌子上或平坦地面，用拇指和食指一小撮一小撮地拔下乳头周围的被毛（图5-24），然后放入事先准备好的产箱内，让出生3~8日龄的其他窝仔兔（5~6只）吮吸乳头3~5

分钟，再放进其将使用的产箱内，一般3分钟左右便可以开始分娩。

5. 人工催产

对妊娠超过30天（含30天）仍不分娩的母兔，可以采用人工催产。人工催产的具体方法是：先在母兔阴部周围注射2毫升普鲁卡因注射液，再在母兔后腿内侧肌内注射1支（2国际单位）催产素，几分钟后仔兔便可全部产出。需要注意的是，人工催产不同于正常分娩，母兔往往不去舔食仔兔的胎膜，仔兔会出现窒息性假死，不及时抢救会变成死仔。因此，对产下的仔兔要及时清理胎膜、污水、血毛等，并用垫草盖好仔兔，同时要注意及时供给母兔青绿饲料和饮水。

6. 母兔产后管理

产仔后的1~2天内，因食入胎衣、胎盘，母兔消化机能较差，因此应饲喂易消化的饲料。分娩后的一周内，应服用抗菌药物，不仅可以预防产道炎症，同时可以预防乳腺炎和仔兔黄尿病，促进仔兔生长发育。

7. 预产值班守候

准确母兔配种记录，明显标识分娩日期。母兔配种要有准确记录，笼门上挂配种标识牌，标识牌必须明确配种时间和预产期，预产期要有人值班守候，将产到箱外的仔兔及时放入巢箱内。

（三）泌乳母兔的饲养管理

母兔从分娩产仔到仔兔断奶这一段时间称为泌乳期。母乳是仔兔断奶前的主要营养来源，更是仔兔采食固体食物前的唯一营养来源。因此，泌乳母兔饲养管理的目标是给仔兔提供量多质好的奶水，并维持自身良好的体况和繁殖机能，重点防治乳房炎。

1. 泌乳母兔的饲养

泌乳阶段母兔一般每天可分泌乳汁60~150毫升，高产母兔可达150~250毫升，甚至300毫升。其泌乳量自产后逐渐上升，到21日龄左右达到高峰，此后持续下降。泌乳早期，母兔的饲料消耗量逐渐增加，此时摄入的营养不仅能够满足泌乳的需要，还能有一定的增重；随着产奶量增加，母兔越来越多地动用体储用于产奶，出现失

重，到泌乳高峰期时体况下降严重，特别是初产母兔，因采食能力有限，易因失重过多而变得太瘦（体况下降20%）。因此，哺乳母兔应全期实行强化饲养，以防营养不足而影响泌乳和母兔失重过多，进而影响以后的繁殖性能。

泌乳母兔应提供高能量、高蛋白日粮，以提高日营养摄入量，减少泌乳后期能量缺乏状况的发生，其能量在10.8兆焦/千克，蛋白水平为18%。日粮结构相对稳定。在产后3天内，要控制饲喂量，多喂青绿饲料，以起到催乳和防止便秘、调节母兔肠胃功能的作用，随后可以逐渐过渡到自由采食，以满足母兔较高的营养需求量。仔兔断奶前3~5天，应逐渐降低母兔的饲喂量，以促使母兔回奶，体况差的母兔也可以不减料。

2. 泌乳母兔的管理

管理上，要给母兔提供安静的环境，尽量减少噪声、避免粗暴对待母兔，不要惊扰母兔，以防吊乳和影响哺乳。兔舍要保持温暖、干燥、卫生、空气新鲜，随时提供清洁的饮水。笼底板、产仔箱等用具要保持清洁卫生和光滑平整，以免刺伤乳房。每天检查母兔泌乳和仔兔吃奶情况，对没奶或奶水不够的母兔要进行催奶，对有奶不喂的母兔要实行强制哺乳。饲养管理人员要经常观察泌乳母兔采食、粪便、精神状态等情况，以便判断母兔的健康状况，发现异常应及时查清原因，采取相应的措施。母兔泌乳阶段很容易患乳房炎，随时检查母兔的乳房、乳头以及母兔，发现有硬块、红肿等症状，要及时隔离治疗。

三、仔兔的饲养管理技术

从初生到断奶这一阶段的小兔称为仔兔，它是兔由胎生期转向独立生活的过渡时期。仔兔初生后离开母兔，其所处环境发生了极大的变化，但是仔兔身体发育尚不完全，适应能力和自我保护能力极差，生命脆弱，对人具有高度的依赖性。而此期生长发育特别快，正常情况下初生后1周体重增加1倍，30天体重增加10倍左右。由此可知，仔兔的饲养管理工作必须抓好每个环节，采取有效措施，以保证仔兔的正常生长发育。

根据仔兔生长发育特点，可将仔兔阶段分为 2 个时期，也即睡眠期和开眼期，要根据不同阶段仔兔的生理特点，提供相应的饲养管理措施。

（一）睡眠期

刚初生的仔兔全身无毛，闭眼，12~15 日龄左右才睁眼，因此，将初生至 11 天左右称为仔兔的睡眠期。此期的饲养管理要点如下。

1. 早吃奶，吃饱奶

仔兔初生后 6~10 小时内应该吃到初乳。初乳水分含量低，乳汁浓稠，蛋白质含量高，还含有丰富的磷脂、酶、激素、铁、镁盐等，营养丰富，还具有轻泻作用，有利于胎粪的排出。母性好的母兔，仔兔产后会很快喂奶。吃到初乳且吃饱奶的仔兔，腹部滚圆，肤色红润，生长发育良好，体质健壮，生活能力强。生产中常见仔兔吃不到奶，这些仔兔腹部扁平，皮肤有皱褶，在窝内到处乱爬，如饲养人员移动产仔箱，则仔兔头向上窜，并发出"吱吱"的叫声。对此，我们要查明原因，针对具体问题，采取相应的措施。

对于有奶不喂的母兔，要强制哺乳。将母兔固定，保持安静，将仔兔放在母兔乳头旁，嘴顶母兔乳头，强制让其自由吮乳，连续 3~5 天后母兔便会自动喂奶。

在同窝仔兔数太多或母兔患有疾病（如乳房炎）时，可以通过寄养的方式调整仔兔。方法是：把产仔数较多或患病母兔的后代分给产仔数较少的健康母兔喂养，但寄养与被寄养的仔兔间出生日期相差不要超过 3 天，由于母兔嗅觉灵敏，为防止母兔识别非自身仔兔进而拒绝哺乳或抓咬养仔，要进行嗅觉干扰。可在喂奶前半个小时以上将被寄养仔兔放入带仔母兔的产箱内，使气味充分混合，到母兔喂奶时已分辨不出养子的气味，从而使寄养获得成功。实际生产中，也有两窝及以上母兔产仔均较少的情况出现，为提高群体繁殖性能，可以将两窝仔兔合并为一窝，另一只母兔重新参与配种。并窝的注意事项与寄养相同。

对于体况较好、产仔数多的母兔，可以采取分批喂奶的方式，即将仔兔按照体质强弱分为两批，早晚各哺乳一次，早上喂体质弱的一批，下午喂体质强的一批。对于分批哺乳的母兔，在饲养上要注意加强营养。

在没有其他母兔可以寄养仔兔的情况下，也可以人工哺乳（图5-25），或者将体质弱小的仔兔弃掉，保证剩余健壮的仔兔吃饱吃好。

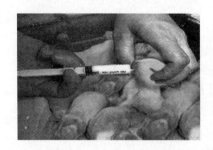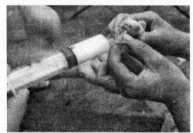

图5-25　仔兔的人工哺乳

2. 及时发现和处理吊奶

仔兔哺乳时会将乳头叼得很紧，母兔哺乳完毕跳出产仔箱的时候，免不了可能将仔兔带出箱外但又无力叼回，称为吊奶。饲养管理人员应随时检查，发现后及时把仔兔放回巢箱内（尤其是冬季），以避免仔兔长时间在箱外而死亡。

3. 保暖防冻，防兽害

仔兔出生后3~5天周身无毛，体温调节能力差，随着外界环境温度的变化而变化，在寒冷的季节如果不注意保温，在很短的时间内，仔兔的体温便会迅速下降，若处理不及时便会危及生命。因此，做好仔兔的保暖防冻工作是仔兔饲养管理的重点。

首先要做好接产工作，给母兔提供铺有垫草的产仔箱，可避免其将仔兔产在箱外。产仔集中的时节，要注意巡查，及时救治产箱冻僵的仔兔。

冬季寒冷季节，要采取保温措施，北方地区温度低，兔舍内要升温，或将仔兔集中到一个保暖室中；南方地区温度较高，可将产仔箱重叠，既能保温又能防兽害。产箱内要多置垫草和兔毛，保持温暖干燥。

对已经受冻的仔兔，可立即放入 35℃温水中（图 5-26），恢复后用柔软的纱布或棉花浸干仔兔身上的水，再放入产箱；或用火炕或电褥子取暖恢复后放入产箱。

尽管仔兔的保暖很重要，但在夏季高温季节，要少放垫草和兔毛，并注意产箱通风换气，避

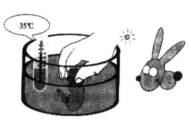

图 5-26　受冻仔兔急救法

免产箱内温度过高，以免仔兔热衰竭而亡。初生几天内的仔兔，其窝温 30~32℃为宜。

鼠害是兔场仔兔伤亡的主要原因之一，特别是睡眠期的仔兔，没有自我保护能力，老鼠一旦进入产箱内，就会将仔兔咬死甚至整窝吃掉，造成损失。而在兔舍内灭鼠相当困难。可用母仔分离饲养的方法，哺乳时将产仔箱放入母兔笼内，哺乳后将产仔箱移到安全的地方或将多个产仔箱重叠，减少鼠害的损失。除老鼠外，也容易出现猫、蛇、黄鼠狼等损害仔兔的情况，特别是在农村小规模养兔场，兔舍与周围环境隔离不严甚至没有隔离，易出现此种情况，应做好相应的预防工作。

4. **按时喂奶**

对于母仔分养、规模大、种母兔多的兔场，可实行每日哺乳一次的办法。对带仔数较多的母兔，可采用早晚两次哺乳的方法。无论每天哺乳几次，都应按时喂奶，以利于母兔有规律地泌乳、休息和仔兔的消化吸收。喂奶时要注意对号哺乳，产仔箱的放置要有固定的顺序，并标记好相应的母兔号，以免弄错。同时，要检查仔兔是否吃饱，发现未吃饱的仔兔则要及时采取措施。

5. **防治黄尿病**

睡眠期内的仔兔最常发的疾病为黄尿病。黄尿病是由于母兔患乳

（右侧竖排）第五章　肉兔饲养管理技术要点

房炎或乳房周围沾了含葡萄球菌的污物，仔兔吃奶时感染，进而发生急性肠炎，尿液呈黄色，并排出腥臭而黄色的稀粪，污染肛门周围，甚至沾染全身。仔兔黄尿病的原因在于母兔，因此，预防的方法是保证母兔健康，保持笼舍清洁卫生。仔兔一旦发生黄尿病，首先要与母兔隔离，并同时对母兔和仔兔进行治疗。

（二）开眼期

仔兔12~15日龄开始睁眼，一直到断奶的这段时间称为仔兔的开眼期。仔兔开眼后，活动能力增强，会在产箱内爬来爬去，数日后就能跳出产箱活动。此期的饲养管理要点如下。

1. 人工辅助开眼

一般情况下，仔兔产后12~15天开眼，这个时候要仔细逐只检查，发现开眼不全的仔兔，可用药棉球蘸上温开水洗去封堵眼睛的黏液，也可用注射器吸入温水，人工辅助仔兔开眼，否则可能形成大小眼或瞎眼（图5-27）。

图5-27　人工辅助开眼操作

保持垫草中无杂物：巢箱垫草中混有布条、棉线、绳子等杂物时，易造成仔兔被缠绕而窒息或残肢，应引起注意。

2. 搞好补饲

随着仔兔日龄的增加，生长速度加快，其体重和所需营养物质与日俱增，而母乳的量到产后 21 日龄达到高峰，以后逐渐下降，仔兔生后 2~3 周单靠母乳已经不能满足其营养需要。因此，在生产上要利用仔兔 15~21 日龄时能够开口采食固体饲料的特性，及时补饲。

补饲一般从 15~18 日龄开始，采用专门的补饲料（开口料），要求饲料易消化、适口性好，清洁卫生，符合仔兔的营养需要，同时要在饲料中加入抗球虫药和防治消化道疾病的药物，以减少疾病。补饲时，最好采用母仔分开，以防母兔抢食仔兔料。在饲喂上，补饲前 1~2 天饲喂量要少，主要是诱食，2~3 天后再逐渐加料。仔兔消化能力弱，要采用少量多餐的方式，每次加料宜少，日饲喂 3~5 次，同时要提供充足清洁的饮水。

及早补饲对仔兔饲养有着重要意义。不仅能给仔兔提供充足营养，保证仔兔的正常生长，提高断奶重，同时，补饲使仔兔能够在断奶前学会吃饲料，有利于促进仔兔消化系统的发育和锻炼胃肠道的消化功能，对帮助仔兔过好"断奶关"也具有重要意义。由于补饲料中添加有各种预防药物，能够有效地早期预防球虫病、肠炎等疾病，对提高仔兔的成活率有着重要意义。

3. 科学断奶

仔兔断奶日龄应根据品种、生产方向、季节、仔兔体质强弱等综合考虑，一般在 28~35 日龄断奶。商品兔生产时断奶时间一般为 28~30 日龄，种兔生产时断奶时间稍晚，一般在 35 日龄。断奶方法有一次性断奶和分批断奶。一次性断奶是指不管仔兔体况如何，到了断奶日龄时所有仔兔全部断奶；分批断奶是按照仔兔体质强弱分开，达到断奶体重的个体先断奶，体质弱的个体再继续喂奶，直到达到断奶体重时再行断奶。

四、幼兔的饲养管理技术

幼兔是指断奶至 3 月龄的小兔。

幼兔阶段日增重最大，绝对生长速度快，也是发病率和死亡率最高的时期。幼兔饲养管理的好坏，在一定程度上决定其生产潜力的发

挥和养兔的成败。幼兔饲养管理的重点在于保证营养、精心护理、过好"四关"，尽量减少应激反应。

（一）断奶关

断奶后 10~15 天是兔后天发育最关键的时期，在此期间，它们对胃肠道感染特别敏感，有着最高死亡率记录。高死亡率的原因很多，但多来源仔兔与母兔分开以及断奶应激。实践中，断奶重高的个体成活率高；断奶重小、健康状况不佳的个体，断奶后的适应性差，容易死亡。因此，在仔兔饲养期间提高断奶重至关重要。断奶后最好采用"离乳不离笼"的饲养方法，降低断奶应激。转群时要按公母、大小、强弱分群分笼饲养，密度适宜。切记，刚断奶的幼兔不要单个饲养，否则易引起幼兔孤独、精神沉郁而发病死亡。

（二）饲料关

幼兔常见消化道疾病，是危害幼兔最主要的因素，不仅增加死亡率，还造成生长迟缓以及随之而来的经济损失。消化道疾病的发生主要与饲料有关，因此，把好饲料关是关键。

幼兔对饲料敏感，保证饲料品质是前提。禁止饲喂霉烂变质饲料，56 日龄前最好不要饲喂含水量多的青绿饲料。饲料要求体积小，营养价值高，易消化，富含蛋白质、维生素和矿物质，同时粗纤维水平必须达到要求，否则容易发生消化道疾病并导致死亡。断奶后 1~2 周内，要继续饲喂仔兔"开口料"，以后逐渐过渡到幼兔料，否则，突然改变饲料容易导致消化系统疾病。喂料量应随年龄增长、体重增加而逐渐增加，不可突然加料太多，并保持饲料成分的稳定性。幼兔食欲旺盛，易贪食，饲喂时要掌握少喂勤添的原则，一般每天定时饲喂 3~4 次为宜。

（三）环境关

幼兔娇气，对环境变化敏感，尤其是寒流等气候突变，更应做好预防工作。要为其提供良好的生活环境，保持笼舍清洁卫生、环境安静，饲养密度适中，防止惊吓、防风寒、防炎热、防空气污浊，防蚊虫、防兽害等，切实把好环境关。

（四）防疫关

幼兔阶段易发多种传染病，抓好防疫至关重要。除做好日常的卫生消毒工作外，要将预防投药、疫苗注射以及加强巡查等饲养管理制度相结合，严格卫生防疫。除注射兔瘟疫苗外，要根据当地和兔场疫病流行特点，注射巴氏杆菌、魏氏梭菌等疫苗，提高幼兔机体的免疫力。要切实做好球虫病的预防投药工作，加强大肠杆菌病、肺炎等疾病的预防。饲养人员应随时仔细观察幼兔的采食、粪便及精神状态，及早作好疾病的防治，确保兔群安全。

五、后备兔的饲养管理技术

后备兔是指 3 月龄至初配阶段留做种用的青年兔。

后备兔消化系统、免疫系统等基本发育完全，对饲料的耐受性较高，抗病力较强，不易发病，因而是兔一生中最好饲养的阶段。

3~4 月龄时兔的生长发育依然较为旺盛，肌肉继续生长，体内代谢旺盛，应充分利用其生长优势，满足蛋白质、矿物质和维生素等营养的供应，尤其是维生素 A、维生素 D、和维生素 E，以形成健壮的体质。4 月龄以后家兔脂肪的囤积能力增强，应适当限制能量饲料的比例，降低精料的饲喂量，增加优质青饲料和干草的喂量，维持在八分膘情即可，防止体况过肥，影响繁殖性能。

后备兔要单笼饲养，以防止后备公、母兔间早交乱配和打架斗殴，损害繁殖机能。同时，严格执行免疫程序，做好兔瘟、巴氏杆菌病以及螨虫等疾病的防治工作。后备兔同样需要注意防寒保暖和防暑降温，保持环境干燥和清洁卫生。

为确保达到初配时体重也达到要求，提高后备兔群体均匀度和育成率，最好按月龄进行个体称重，掌握其生长发育情况。要求后备兔在不同日龄阶段有相应的体重和外形，以对达不到要求的个体要调整饲料的营养水平和饲喂量，以确保达到品种发育的要求，并及时淘汰发育不良的后备兔。

第五节　不同季节饲养管理技术

家兔的生长发育与外界条件紧密相关，不同的环境条件对家兔的影响不同。我国的自然条件，无论是日照、雨量、温度、湿度还是饲料的品种、数量、品质等方面都有着显著的地区性和季节性特点。因此，应根据家兔的生物学特性、生活习性、季节、地区特点，充分利用有利季节增产增效，在不利季节对家兔实行保护，并酌情改变或创造良好的小环境，采取科学的饲养管理方法，才能确保家兔健康，充分发挥其生产潜力，促进养兔业的健康发展。

一、春季饲养管理技术

春季日照渐长，青绿饲料丰富，是肉兔繁殖的好季节。但此季多阴雨，天气忽晴忽阴变化不定，气温时高时低，昼夜温差较大。随着气温的逐渐回升，各种病原微生物滋生活跃。肉兔经过一个冬季，体况普遍较差，且又处于季节性换毛期，抵抗力下降，特别是仔幼兔，身体机能尚未发育完善，对寒冷和疾病的抗性较差，更易发病。因此，在饲养管理上要注意做好以下几个方面的工作。

（一）注意天气骤变

春季气温逐渐回升，但这种升温过程并非直线，而是升中有降、降中有升，尤其是在3月份，"倒春寒"现象时有发生，寒流、风雨不时来袭，天气变化无常，气温忽高忽低，骤冷骤热，极易诱发感冒、肺炎、肠炎等呼吸道和消化道疾病。特别是仔兔和断奶不久的幼兔，抗病力较差，极易发病死亡，因此更要精心管理。早春时节，气温普遍偏低，要做好防寒保暖的措施。晚春时节，气温回升较快，应注意通风换气。

（二）保障饲料供应

经过一个寒冬，家兔一般体况较差，需要在春季补充营养。春季又是家兔换毛期，脱去冬毛，长出夏毛，需要消耗较多的营养，对处于繁殖期的种兔来说，更增加了营养负担。因此，应结合春季饲料供应特点，加强肉兔营养，做好饲料的过渡。

早春时节，饲料青黄不接，可饲喂全价配合饲料，对于农村家庭兔场而言，可利用冬季储存的萝卜、白菜或生麦芽等，切碎饲喂，为家兔提供一定量的维生素。冬季储存的甘薯秧、花生秧、青干草等粗饲料切成小段饲喂。随着气温的升高，各种青绿饲料逐渐萌芽生长，可采集青草饲喂。此时青草幼嫩多汁，适口性好，家兔喜食，但开始饲喂时要控制喂量，否则会出现消化道疾病，严重时造成死亡。一些有毒的青草返青较早，采集时要注意挑选，防止家兔误食中毒。春季雨水多，特别是南方地区的梅雨季节，空气湿度大，青绿饲料含水量高，易出现霉烂变质，而颗粒饲料也容易受潮霉变，使用时要特别注意。为增强肉兔的抗病能力，可在饲料中拌入一些大蒜、葱等具有杀菌作用的饲料，以减少消化道疾病的发生。对较为瘦弱和处于换毛期的兔子，要加强营养，饲喂营养浓度高特别是蛋白质含量较高的饲料，以恢复体况，缩短换毛时间。

（三）预防疾病

春季万物复苏，各种病原微生物活动猖獗，而经过一个冬季，兔子抗病力普遍较差，各种疾病的发病率普遍较高。因此，必须做好肉兔的防疫工作。首先，要按照免疫程序做好各种疫苗的注射，特别要及时接种兔瘟疫苗等。其次，要有针对性地进行预防投药，重点预防巴氏杆菌病、大肠杆菌病、感冒、球虫病等。再者，要做好清洁卫生和消毒工作，每天打扫笼舍，清除粪尿，保持室内通风良好，食具、笼底板等经常刷洗消毒，地面可撒上草木灰、石灰等，借以消毒、杀菌和防潮。火焰枪消毒比较彻底，至少进行一到两次，还能焚烧掉脱

落的被毛，保持兔舍干净。

（四）抓好春繁

春季公兔性欲旺盛、精液品质优良，母兔发情明显，发情周期缩短，排卵数多，受胎率高，繁殖能力最强，应充分利用这一有利时机争取多配多产。交替采用频密和半频密的繁殖方式，加大繁殖强度，连产 2~3 胎后再进行调整，但要注意给仔兔及早补饲，增加母兔营养。对于冬季没有加温措施而停止繁殖的小兔场来说，因公兔长期没有配种，精子活力较低，畸形率较高，刚开始配种的受胎率较低，故应采取复配或双重配种，以提高母兔的受胎率和产仔数。采用全价颗粒饲料喂兔时，也应给种兔饲喂部分青绿饲料，以提高种兔的繁殖性能。

（五）做好防暑准备

为使兔舍能在夏季有较好的遮阴效果，在春季就应早做准备，特别是在那些兔舍比较简陋的兔场。可在兔舍前栽种一些藤蔓植物，如丝瓜、葡萄、吊瓜、苦瓜、眉豆、爬山虎等，使在高温期来到时能遮挡兔舍，减少日光的直接照射，降低舍内温度。

在北方，春季温度适宜，雨量较少，多风干燥，阳光充足，比较适于家兔生长、繁殖，是饲养家兔的好季节，应抓紧时机搞好家兔的饲养与繁殖。

二、夏季饲养管理技术

家兔汗腺不发达，排汗散热的能力差，而我国肉兔主产区夏季普遍温度高、湿度大，为了散发体热兔呼吸频率加快，影响新陈代谢，食欲减退，体况消瘦，抵抗力下降，发病率增加，生产性能受影响，民间更有"寒冬易过，盛夏难养"的说法。因此，夏季要加强饲养管理，改善饲养环境，科学合理搭配饲料，积极做好疾病防治，以增强其抗病力，提高生产能力。

（一）防暑降温

防暑降温是夏季饲养肉兔的重中之重，应根据各地各场的实际条件和资金实力，因地制宜采取措施防暑降温。兔舍周围可多种树木，特别是高大的乔木或种植丝瓜、葫芦等藤蔓植物来遮阳，还可搭建凉棚、遮阳网等来避免阳光直射。充分利用自然风，打开门窗，使空气对流；同时可在兔舍安装风扇或排气扇等，加强机械通风。也可在屋顶喷洒降温。炎热时，若舍内的温度降不下来，可在兔舍地面泼水或放置冰砖，水分蒸发或冰砖溶解或升华时带走热量。舍内洒水会增加湿度，与此同时要加大通风力度，增强湿式冷却降温效果。有条件的可在舍内安装空调或湿帘降温。

除改善环境条件外，降低饲养密度，对缓和高温的不利影响有好处。群养密度不能太大，产箱内垫草不宜太多，并适当去除产箱内多余的兔毛，确保产箱内仔兔不会中暑死亡，并采用母仔分离的饲喂方法，既利于仔兔补饲，又利于防暑降温。

（二）确保水料供给

夏季肉兔对水的需求多，饮水要清洁干净、温度低，有利于兔体降温。最好安装自动饮水器，并经常检修饮水器有无堵塞和是否有足够的压力以保证水流量，确保24小时都有清洁饮水。为提高防暑效果，可在水中加入1%~1.5%的食盐或加入十滴水、藿香正气水等。也可在饮水中添加0.1%~0.2%的人工盐或0.5%小苏打，调节兔体内电解质平衡，减少热应激。

夏季天气热，兔子采食量下降，营养物质摄入不足，因此，需要通过提高饲料营养浓度，特别是能量水平来增加家兔能量的摄入。试验表明，在饲料中添加2%的大豆油或葡萄糖可有效缓解热应激，能改善适口性，采食量上升。或在饲料中添加诱食剂，以提高采食量。在饲喂上，要做到早餐早喂，晚餐晚喂，中午可以加喂青绿饲料。高温条件下，饲粮中的维生素失效的速度加快，要加强饲料的保管和周转速度，并给种兔补充一定的青饲料。

（三）做好疫病防治工作

夏季家兔应激大，抵抗力下降，而此时各种病原体极易滋生，尤其是真菌病、球虫病、大肠杆菌病、兔瘟、巴氏杆菌病等。因此，必须严格执行日常消毒和防疫制度，消毒药品和抗球虫药物注意交叉和轮换使用，以免产生耐药性。为降低仔幼兔感染率，在夏季球虫感染的高峰季节，给种兔投喂抗球虫药能有效降低群体暴发球虫的概率。此外，要做好舍内外的清洁卫生，加强灭蚊灭鼠工作。

（四）控制繁殖

家兔具有常年发情、四季繁殖的特点，但是当温度超过28℃，种兔的繁殖性能就受到影响；当温度超过32℃时，公兔精液品质显著下降，性欲减退，母兔基本不发情或发情不接受交配。高温对母兔整个妊娠期均有威胁，妊娠早期，即胎儿着床前后对温度敏感，高温易引起胚胎的早期死亡；妊娠后期，特别是产前一周，胎儿的发育特别快，母体代谢旺盛，营养需求量大，而高温会导致母兔的采食量降低，造成营养的负平衡和体温调节困难，不仅容易流产，有时母兔也会死亡。因此，在无防暑降温条件的兔场，夏季要停止繁殖配种。停繁的公母兔应降低喂料量，补充青草，以免过肥而影响秋季的繁殖。有条件的兔场最好将场内种公兔集中到空调房内，并维持25℃以下的室温，以确保秋季较高的配怀率。而对于具有良好环境控制条件的兔场，只要温度能够维持在28℃以下，则可以正常繁殖，但要避免高繁殖强度。

三、秋季饲养管理技术

秋季气候凉爽，天气干燥，草料丰富，最适合兔的生长，是一年中第二个繁殖的黄金季节。因此，要充分利用这个有利时节，加强饲养管理，提高肉兔生产水平，达到增产、增效的目的。

（一）把好气温关

秋季气温差异较大，为使肉兔能够健康生长，必须根据气温的变化情况，调节兔舍小环境。秋初季节，气温依然较高，应做好降温工作，喂料时也要做到早上早喂，晚上迟喂。中秋季节，气温逐渐下降，天气凉爽，气候干燥，适宜肉兔生长繁殖。深秋季节，气温下降较快，特别是早晚温差大，要关闭门窗，注意保温。同时，早晚露水重，要注意避免饲喂带霜露的饲草，以免造成拉稀。

（二）加强换毛期营养

进入秋季后，成年家兔要脱掉"夏装"换上"冬装"，完成秋季换毛。换毛期的长短，除受日照、气候条件等的影响外，营养水平对换毛时间和次数都有着显著的影响。营养不良的肉兔，不仅有提前换毛现象，而且换毛期拖得很长。当营养状况良好时，换毛期正常，换毛速度加快。因此，要加强换毛期的营养供给，通过增加饲喂量或调整饲料配方以增加蛋白质尤其是含硫氨基酸的供给，多喂易消化和维生素含量高的青绿多汁饲料，补充矿物质，以满足换毛的需要，尽量缩短换毛期。

（三）把好防病关

中晚秋时节，天气转凉，温差对兔的刺激易引发感冒、肺炎等呼吸道疾病，特别是巴氏杆菌病对兔群造成较大的威胁，严重时还会引起死亡。因秋季气温多变，传染病较易发生，因此除做好日常的卫生和消毒工作外，要严格按照防疫程序做好兔群的免疫工作，加强常见疾病、寄生虫病的预防投药和治疗。8~9月份处于家兔换毛期，舍内兔毛飞扬，如不及时处理，影响环境卫生，加剧家兔呼吸道疾病特别是鼻炎的发病率。因此，除及时清扫脱落的浮毛外，还应不时用火焰枪将粘在笼上的兔毛焚烧，防止兔子舔食，同时也可起到彻底消毒的作用。

（四）抓好秋繁

秋季是肉兔繁殖的第二个黄金季节，搞好秋繁工作是提高养兔经济效益的重要措施。经过夏季高温的应激，兔群健康情况较差，应在秋繁前对种兔进行一次全面的清理、调整和更新，将3年以上的老龄兔、繁殖性能差、病残等无种用价值的公母兔清理出兔群，同时将经过选择和鉴定的优秀适龄后备兔补充到种兔群中，以组建一个健康高效的繁殖群。经过夏季高温，经历第二次季节性换毛，特别是那些没有良好降温措施的养殖场，秋繁1~2胎配怀率普遍偏低，出现"秋季不孕"的现象。针对这一情况，除给种兔加强营养，改善公兔精液品质和母兔体况外，在配种前要检查公兔精液品质，达不到要求的个体要暂停配种，加强饲养一段时间再进行繁殖。而精液品质较好的公兔，则要重点使用，防止出现盲目配种造成受胎率低的现象。同时采用复配或双重配种方法，以提高母兔的受胎率。

（五）及时储备草料

秋季是家兔饲料丰富的季节，也是收获的最佳季节。根据生产需要，进行粗饲料（如青干草、花生秧、红薯秧、豆秸等）的采收，及时晒干，妥善保存，防止受潮发霉变质。块根块茎饲料要及时收割，就地保存。在贮备草料的同时，也不要忘记在适宜种植冬、春季型牧草的地区要注意及时播种（如黑麦草、菊苣、苜蓿等），并做好前期管理工作，以给来年提供优质青绿饲料。

四、冬季饲养管理技术

进入冬季，外界气候变化巨大，会给肉兔带来严重的冷应激，气温低，青草缺乏，北方地区尤甚，如若饲养管理不当，不仅影响冬季生产，而且还会对来年的发展带来不利影响。因此，要想肉兔安全越冬，获得良好的生产效益，则要着重做好以下几方面的工作。

（一）防寒保暖、保持舍温

冬季室外严寒，舍内温度也随之降低，过低的舍温，会给肉兔带来较大的寒冷应激。尽管成年兔对寒冷的抵抗力强，但是当温度过低时，对兔的生长、增重、繁殖和仔幼兔成活率等都有较大的影响。因此，冬季饲养管理的中心是防寒保暖。我国南方地区，冬季月平均气温在10℃以上，最低温度也不过零下几摄氏度，且持续时间短。因而一般不需要特别的供暖设备，但是经常出现较强的冷空气袭击，温度突然下降，特别是开放式圈舍，肉兔容易感冒和腹泻，因此要采取适当的保温措施。封闭式兔舍要关好门窗，防止贼风侵袭；半开放式和开放式兔舍则要放下卷帘或用塑料薄膜等封闭两侧，两端门上挂草帘等。仔兔可以采用保温箱、红外灯或修建仔兔保温室等进行保温，也可适当增加饲养密度，依靠兔群自身温度的散发来提高舍温。北方和高寒地区冬季寒冷，昼夜温差大，1月平均温度在0℃以下，最低气温可达 -30℃，因此，要在冬季养好兔，必须要有加温设施。兔舍最好采用封闭式，便于保暖和加温；除关闭门窗外，还应安装供暖设施，如暖气、远红外板、地炕等。不管采取何种取暖方法，都要求温度稳定，温差范围不能过大，否则易引起兔感冒。在强调保温的同时，不可忽视通风换气，确保空气清新。在风和日丽的中午，应该打开窗户进行通风换气。饲养员要注意兔舍温度，如果兔舍温度下降3~4℃，就应该及时关窗或停止排风，待气温回升时再进行一次，直到兔舍空气清新。

（二）加强营养，增加喂量

在冬季寒冷的环境中，肉兔会加大采食量以增加机体代谢产热来维持体温，因此在饲喂上，要充分考虑饲料供应的季节特点和家兔的营养需要，提高日粮的能量水平或加大喂量，一般喂料量比平时多20%~30%。另外，由于昼短夜长，为避免肉兔晚间空腹时间过长，晚上最后一次喂料时要多喂一些。冬季青绿饲料缺乏，尤其是在北方地区，容易发生维生素缺乏症，因此，饲料中应特别注意维生素及微量元素的补充。也可适量加喂胡萝卜等多汁饲料，白菜叶等水分含量高的饲料晾蔫后再喂，切记不可喂冰冻饲料。

（三）搞好卫生，严格消毒

冬季因为保暖而使兔群处于相对封闭的环境中，兔舍内的二氧化碳、氨气等有害气体浓度以及可吸入颗粒含量都会大大增加。这些有害物质会造成肉兔呼吸系统的刺激性伤害和免疫力下降，增加呼吸道疾病的发生，也会使已有的疾病症状加重而难以治愈。此外，舍内空气干燥，飘浮在空气中的细菌和病毒吸附于机体的概率也大大增加，容易造成病原微生物的大量繁殖。因此，做好环境卫生和消毒工作尤为重要。圈舍要常清扫，污水、粪便早除净，以保持圈舍清洁卫生、空气新鲜、干燥舒适的良好环境，降低舍内湿度，降低因粪便存积而产生的有害气体的浓度。圈舍要常消毒，常用生石灰加1份水制成熟石灰，再加4份水即成20%的乳剂用于消毒。也可用碘类、酚类和季铵盐类等其他有效消毒药品消毒，药液应现配现用。专业户（场）应在大门、人畜通道出入口设消毒池或铺垫消毒地毯，消毒液、消毒地毯要勤换，保证新鲜有效。平常如有外来人员、车辆进出，必须采取严格的消毒措施。同时，要严格执行疫苗注射和药物保健，以减少疾病的发生。

（四）抓好冬繁

尽管春、秋两季是肉兔繁殖的黄金季节，但冬季空气干燥，病原微生物的活动受到抑制，兔病相对减少。因此，只要做好冬季的防寒保暖工作，解决好维生素类饲料，合理安排冬繁非常有利。严寒使母兔的活动明显减少，发情配种易被忽视，为做好冬繁，种兔舍温度设法保持在10℃以上。饲料中添加多种维生素，并适当饲喂发芽饲料，如豆芽等，以促进母兔发情。配种时要选择天气晴朗，温度较高的中午。要采用重复配种和双重配种的方法，以提高受配率和产仔数。由于冬季气温低，种兔掉膘，如果繁殖任务过重，母兔易因瘦弱而死。且因御寒的需要，肉兔的采食量会加大，日增重降低，养殖成本增加，效益降低。因此，冬繁母兔不宜进行频密繁殖。

第六章
肉兔的营养与饲料

第一节　肉兔的消化系统及其生理特点

一、肉兔消化系统结构

肉兔的消化系统主要包括消化管和消化腺两部分。消化道为饲料通过的管道，起于口腔，经咽喉、食管、胃、小肠（十二指肠、空肠和回肠）、大肠（盲肠、结肠和直肠），止于肛门。消化腺包括唾液腺、肝脏、胰腺、胃腺和肠腺。消化腺主要功能是分泌各类消化液，通过导管输送到消化管的相应部位。

（一）消化管道

1. 口腔

口腔由唇、颊、腭、舌和齿等组成。口腔是消化道的起始部，有采食、吮吸、咀嚼、吞咽和味觉等功能。口腔的前壁为唇，两侧为颊，顶壁为硬腭和向后延伸为软腭，底部为肌肉，口腔内有舌和齿。舌位于口腔内，其下表面光滑，上表面着生有助于夹持饲料的各种小乳头，在乳头之间分布有辨别饲料品质的味蕾，舌参与咀嚼饲料，把饲料送到齿下。兔齿具有草食动物的典型齿式，成凿形，无犬齿，臼齿面大，有横嵴。其上颌具有前后两对门齿，前排一对大门齿，后排一对小门齿，成为特殊的双门齿型，成年兔的牙齿数为 28 个。

2. 咽

咽位于口腔和鼻腔的后面，喉的前上方。咽是呼吸道中联系鼻腔和喉腔之间的要道，也是消化道从口腔到食管的必经之路。咽壁由黏膜、肌层和外膜 3 层构成。

3. 食管

食管连接咽和胃，起于咽，在颈部位于喉与气管的背侧，经过胸腔穿过膈进入腹腔，与胃的贲门相接。兔食管是有褶皱的管，其黏膜形成大量褶皱。食管的肌肉有 3 层：纵向的内层和外层以及环状的中间层。

4. 胃

肉兔为单胃草食动物，胃呈囊袋状，横位于腹腔的前部，分为胃底部和窦部。胃的入口为贲门，上与食管相连，出口为幽门，下与十二指肠相接。在贲门和幽门处，都有括约肌控制着食物的通过。兔胃较大，一般容积 300~1 100 厘米^3，占消化道总容积的 34%~36%。兔胃的贲门处有一个大的肌肉褶皱，可防止内容物的呕出，因此肉兔不能嗳气，也不能呕吐，消化道疾病较多。兔胃的肌肉层薄弱，蠕动力小，饲料的下行速度慢，在胃内停留的时间长。饲料的下行速度与饲粮粗纤维含量高度正相关；也同饲料的粒度相关，颗粒大（＞0.3毫米）的下行速度快，小颗粒下行速度慢。兔胃黏膜内有胃腺，能分泌胃液。与其他家畜相比，兔胃液具有较强的消化力和较高的酸度，pH 值为 1~2，可作为抵抗细菌和其他微生物的壁垒。

5. 肠

兔肠主要分为大肠和小肠两部分，其中小肠又分为十二指肠、空肠和回肠，大肠分为盲肠、结肠和直肠。兔的肠道发达，中型肉兔肠道的绝对长度约 5 米，是其体长的 10 倍左右。

（1）十二指肠　起于胃的幽门，向后行为降支，继而为短的横支，再折向前为升支，呈"U"形，全长 40~60 厘米，肠管直径为0.8~1 厘米。

（2）空肠　上连十二指肠，后接回肠，位于腹腔左侧，形成很多弯曲，肠壁较厚，富有血管，颜色较浅，略呈淡红色，全长

210~250厘米，为小肠最长部分。

（3）回肠　小肠最后一部分，上连空肠，下接盲肠，长35~40厘米，盘旋较小，以回盲系膜连于盲肠。空肠和回肠无明显的分界线。肠壁薄，颜色较深，管径较细，为直管。

（4）盲肠　兔的盲肠特别发达，长而粗大呈袋状，约占消化道总容积的49%。肠壁内有一条带，形成约26圈螺旋形突起的皱襞，因而盲肠好似被分为许多单独的囊袋。其游离端变细，管壁变薄（称蚓突），长50~60厘米，与体长相当。其中蚓突长约10厘米，蚓突中含有丰富的淋巴组织，可产生淋巴细胞，具有免疫功能。兔的盲肠壁薄，无纵肌带，但具有螺旋状的收缩部，它对应着盲肠内部的螺旋瓣状黏膜皱褶，此为兔的消化道特征。在兔的回肠与盲肠相接处膨大起来，形成一个厚壁的圆囊，称为圆小囊。圆小囊具有发达的肌肉组织和丰富的淋巴滤泡，是肠道的一部分，参与营养物质的吸收，发达的肌肉收缩时压榨食糜；也可产生淋巴细胞。

（5）结肠　结肠位于盲肠下，长100~110厘米。以结肠系膜连于腹腔侧壁。分为升、横和降结肠3部分。结肠前部有3条纵肌带，两条在背面，一条在腹面。在纵肌带之间形成一系列的肠袋。

（6）直肠　直肠长30~40厘米，与降结肠无明显的界限，但是二者之间有"S"状弯曲。直肠末端侧壁有一对细长形呈暗灰色的直肠腺，长1.0~1.5厘米，其分泌物带有特殊异臭味。小肠与大肠肠壁均有黏膜、黏膜下层、肌层和浆膜层构成。

（7）肛门　肛门为消化道末端，突出于尾根之下。

（二）消化腺

肉兔消化腺因所在部位不同分为壁内腺和壁外腺。壁内腺是分布在消化管各段管壁内的腺体，如胃黏膜内的胃腺，肠黏膜内肠腺等。壁外腺是位于消化管外的大型腺体，以导管通到消化管腔，如开口于口腔的唾液腺、开口于十二指肠的肝脏和胰脏。

1.唾液腺

兔有4对唾液腺：腮腺、颌下腺、舌下腺和眶下腺，能分泌唾

液，浸润食物，利于咀嚼，便于吞咽，清洁口腔，参与消化等。

2.肝脏

肝是体内最大的腺体，呈红褐色，约为体重的 3.7%。位于腹腔的前部，前面隆突紧接膈，称膈面；后面凹，与胃、肠等相接触，称脏面。兔肝分叶明显，共 6 叶，分别为左外叶、左内叶、右外叶、右内叶、尾叶和方叶。其中左外叶和右内叶最大，尾叶最小。方叶不规则，位于左内叶和右内叶之间。胆囊位于肝的右内叶肝脏面，是贮存胆汁的长形囊。肝脏的功能较多，能分泌胆汁，参与脂肪的消化；能贮存肝糖、调节血糖；能解毒；参与防卫；在胎儿时期，肝脏还是造血器官。新生仔兔的肝脏占消化器官总重量的 42.5%，因为新生仔兔的肝起着主要屏障作用。

3.胰脏

胰脏位于十二指肠间的系膜上，胰管开口于十二指肠升支，距胆管开口处约 30 厘米。胰由外分泌部和内分泌部两部分组成。外分泌部为消化腺，占腺体的大部分，能分泌胰液，内含有多种消化酶，参与蛋白质、脂肪和糖类的消化。内分泌部称为胰岛，能分泌胰岛素和胰高血糖素，直接进入血液，参与糖代谢。

二、肉兔消化生理特点

肉兔具有独特的消化系统的解剖结构特点，在饲粮采食行为和消化规律方面都有其他动物显著不同的特点。

（一）采食的特点

1.食草性

兔属于单胃草食动物，以植物性饲料为主，主要采食植物的根、茎、叶和种子，也可采食部分动物性饲料，但是需要和植物性饲料搭配制成配合饲料。肉兔消化系统的结构特点，决定了其草食特性。兔的上唇纵向裂开，门齿裸露，适于采食地面的矮草，亦便于啃咬树枝、树皮和树叶；兔的门齿有 6 枚，上颌大门齿 2 枚，在大门齿后面各有 1 枚小门齿，下颌门齿 2 枚，其上下门齿呈凿形咬合，便于切断和磨碎食物。兔门齿与臼齿之间无犬齿，仅有较宽的齿间隙。臼齿咀嚼面宽，且有横脊，适于研磨饲草料。肉兔盲肠特别发达，盲肠容积占消化道总容积的 50% 左右，其中含有大量微生物，有反刍动物瘤胃的作用，可以有效分解粗纤维，将其转化成可被肉兔消化吸收的营养物质或被微生物利用。综上可见，肉兔的草食性是其消化系统结构与机能的有机统一，肉兔消化系统完全适应以草为主的饲粮结构。

2. 食粪性

肉兔的食粪性是区别于其他动物的最重要采食特性。肉兔采食自己部分粪便的特性是其本能行为，是正常的消化生理现象，有助于肉兔对饲料的进一步消化吸收。完全区别于其他动物采食粪便的食粪癖。

肉兔排出的粪便分为两类，一类是粒状的硬粪，量大、较干、表面粗糙，因饲料不同呈现深浅不一的褐色；另一类是团状的软粪，多时呈捻珠状，有时达 40 粒，粪球串的长度达 40 厘米，量少、质地软，表面细腻，通常呈黑色。据测定，肉兔采食 8~12 小时后就开始排泄软粪。成年肉兔每天排出的软粪约 50 克。正常情况下，肉兔排出软粪时会自然弓腰用嘴从肛门处吃掉，稍加咀嚼便吞咽。软粪通常被肉兔完全吃掉，只有生病时，才会停止食粪。肉兔从采食固体饲料开始就有食粪行为。

肉兔通过食粪可以获得大量菌体蛋白，在生物学是全价蛋白，可被完全消化吸收，还可吸收微生物合成的维生素 B 和维生素 K；食粪延长了饲料通过消化道的时间，有利于肉兔对营养物质的进一步吸收；肉兔食粪相当于饲料的二次消化，提高了营养物质的消化吸收利用率。

3. 惯食性

肉兔具有对某类饲料喜好的特性，如果突然变化饲料，兔肠道较难及时调整适应饲粮的变化，表现为拒绝采食，或者采食量严重下降，甚至出现拉稀胀气，严重还会出现死亡，称之为肉兔的惯食性。肉兔肠道分泌的消化酶种类和数量，盲肠微生物菌群数量、种类和比例均与其饲粮密切相关。肉兔的惯食性，使得如果某一种饲料饲喂一段时间后，肉兔的消化系统就会适应这一饲料类型，包括消化酶的分泌和肠道菌群的结构；肉兔消化道调整适应饲粮变化的速度非常慢，通常需要一周时间，这也是肉兔消化力比较脆弱的表现之一。因此，在肉兔的日常饲养管理中，要尽量避免饲料的更换，如果必须改变，一般应通过一周的过渡时间，尤其是不同品牌饲料更换时，即使是同一厂的同一品牌饲料，如果批次不同，更换时也要注意过渡，尽量避免因饲料变化而造成的损失。

4. 选择性

肉兔是较挑食的动物，喜欢采食植物源性饲料，不喜欢动物源性饲料，如果饲料中加入过多的鱼粉或蚕蛹等动物源饲料，肉兔就会拒食。肉兔虽然不喜欢动物源性饲料，并非不需要此类饲料，由于动物源性饲料营养价值较高，肉兔饲料中需要适量补充，尤其在特殊生理时期，如哺乳期，喜欢颗粒饲料，不喜欢粉料和湿拌粉料，如果饲喂粉料或者湿拌粉料一方面会造成饲料的浪费，另一方面饲料发生霉变的概率也会增大，肉兔对饲料霉变非常敏感，因此最好不要饲喂粉料或湿拌粉料；喜欢采食幼嫩的枝叶，不喜欢采食木质化程度高的茎秆；喜欢采食豆科、十字花科、菊科等多叶性植物，不喜欢采食禾本科、直叶脉的植物。肉兔味觉发达，通过舌背上的味蕾，可以辨别饲料的味道，特别喜欢甜味，饲料中添加甜味剂，可以改善适口性，掩蔽不良味道，提高采食量；肉兔对香味剂不敏感，香味剂不能提高肉兔采食量。由于肉兔的挑食性，为保证其采食足够的全面的营养，最好制成颗粒饲料，这样避免了肉兔挑食，也可以增加肉兔磨牙机会；同时因颗粒料经过高温高压调质，增加了淀粉的糊化度，杀灭了大部分病原微生物，增加了饲料的可消化性，有利于肉兔消化吸收。

5. 扒食性

肉兔有利用前爪扒刨饲料采食的特点。肉兔扒刨的习惯，是自然选择的结果。在野外恶劣的生存环境中，肉兔需要利用前爪挖地下植物的块根块茎遍寻食物，挖掘洞穴，隐藏自身、躲避敌害，维持生存繁衍。在人工饲养环境下，肉兔失去了打洞的机会，饲料供给充足，但是前爪扒刨的特性遗传了下来，表现为挑食扒食现象，对喜欢的饲料采食，不喜欢的就扒食。另外吃饱后，喜欢扒食玩耍，甚至向料槽拉屎撒尿，饲料污染浪费非常严重。调查表明，在饲喂粉料的养兔场中，50%以上存在不同程度的扒食现象；在饲喂颗粒的兔场，也有20%以上的扒食现象；在限制饲喂的兔场，扒食相对较少，在自由采食的兔场，扒食普遍，饲料浪费严重。因此，在肉兔的饲喂管理中，一是尽量减少使用粉料，多采用颗粒饲料；二是建议采取限制饲喂方式，在规模兔场尽管采用自由采食，但是最好采用少喂勤添的策略，料槽每次余料不要太多。

6.采食量

刚出生时，仔兔主要依靠母兔奶水维持生长发育，一般从16~18日龄开始给仔兔补料（固体颗粒饲料），但这时仔兔一般只闻闻接触饲料，并不采食，到20~21日龄仔兔开始采食，刚开始采食量少，随后逐渐增加。采食量的增加，一方面是仔兔对固体饲料的适应，另一方面，则是母兔泌乳量的逐渐减少，为了维持生长发育需要，必须通过采食固体饲粮，增加营养摄入。实际上，到5周龄时，母兔的泌乳量已经很低。从开始补料到断奶前，仔兔可以采用自由采食的饲喂方式，从断奶到出栏上市肉兔每日的饲粮量建议为其体重的5%~8%，断奶后两周最后不更换饲料，此后可以经过过渡更换饲料。建议妊娠母兔每日饲喂量在200~250克，泌乳母兔250~300克，同时妊娠泌乳的母兔饲喂量可适当增加。

（二）消化的特点

1.肉兔对蛋白质的消化

肉兔对饲料中的蛋白质有较高的利用效率。研究表明，猪对苜蓿干草中蛋白质的利用率小于50%，而肉兔大于75%。肉兔对劣质、高纤维的粗饲料也有较高的利用率，这是肉兔对饲粮蛋白质消化的一个重要特点。研究表明，用全株玉米制成颗粒饲料，分别饲喂马和肉兔，马对其中蛋白质的消化率为52%，肉兔为80.2%。

2.肉兔对脂肪的消化

肉兔对脂肪的消化率高。研究表明，肉兔对饲粮粗脂肪的利用率达90%以上，对各种饲料原料的粗脂肪利用率显著高于马属动物，且肉兔可以利用脂肪含量高达20%的饲料。据国外研究报道，若饲料中脂肪含量在10%以内，肉兔采食量随着粗脂肪的增加而提高；若超过10%，其采食量则随着粗脂肪的增加而下降。这说明尽管肉兔可以有效利用粗脂肪含量高的饲粮，但是也有一定的限度，最佳粗脂肪含量在5%左右。

3.肉兔对能量的消化

肉兔对饲粮的能量消化率在50%~70%，低于马属动物。肉兔对饲粮能量的利用率与饲粮粗纤维（本质是木质素）含量呈高度负相关，饲粮粗纤维含量每提高一个百分点，饲粮能量消化率降低两个百分点左右。

4.肉兔对纤维的消化

作为典型的盲肠草食动物，肉兔盲肠是纤维的消化场所。纤维素在盲肠中被微生物发酵分解为挥发性脂肪酸和气体，挥发性脂肪酸经肠壁吸收利用，气体则被排出体外。挥发性脂肪酸中乙酸约占78.2%、丙酸9.3%、丁酸12.5%。肉兔从这些脂肪酸中获得能量，可满足每天维持能量需要的12%~40%。研究表明，与牛羊等草食动物相比，肉兔对饲草中纤维物质的消化能力较低，研究也表明，肉兔可以有效利用含低品质纤维的饲草。肉兔对半纤维素、纤维素和细胞壁成分等的消化率比其他家畜低30%~40%，与其他动物一样，肉兔也不能消化木质素，但是木质素在肉兔饲粮中不可或缺。研究表明，肉兔对苜蓿干草粗纤维的消化率仅为14%，比猪还少8个百分点。肉兔对粗纤维的消化率，一般范围为10%~28%。

第二节　肉兔的主要营养物质需要

营养是动物维持生命和生产的重要基础。肉兔在维持生命和生产过程中所需要的营养素主要分为能量、蛋白质、粗纤维、脂肪、矿物质、维生素和水等。

一、能量

肉兔的一切生命活动都需要能量。成年兔每千克饲料中需含消化能 8.79~9.2 兆焦，育成兔、妊娠母兔和泌乳期母兔需消化能 10.46~11.3 兆焦。能量主要来源于饲料中的碳水化合物、脂肪和蛋白质。肉兔对大麦、小麦、燕麦、玉米等谷物饲料中的碳水化合物具有较高的消化率，对豆科饲料中的粗脂肪消化率可达 83.6%~90.7%。

如果日粮中能量不足，就会导致生长速度减慢，产肉性能下降。但是，日粮中能量水平偏高，也会因大量易消化的碳水化合物由小肠进入大肠，出现异常发酵而引起消化道疾病；同时因体脂沉积过多，会影响繁殖母兔雌性激素的释放，损害繁殖机能，会造成公兔性欲减退、配种困难和精子活力下降等。因此，控制能量供应水平对养好肉兔极为重要。

二、蛋白质

蛋白质是一切生命活动的基础，也是兔体的重要组成成分。生长兔、妊娠母兔和泌乳期母兔的日粮中，蛋白质的需要量分别为 16%，15% 和 17%。日粮中蛋白质水平过低，会影响肉兔的健康和生产性能的发挥，表现为体重减轻，生长受阻，公兔性欲减退，精液品质降低；母兔发情不正常，不易受孕。相反，日粮中蛋白质水平过高，不仅造成浪费，还会加重盲肠、结肠以及肝脏、肾脏的负担，引起腹泻、中毒，甚至死亡。

必须指出，蛋白质品质是肉兔营养中的重要问题。蛋白质品质主要取决于组成蛋白质的氨基酸种类及数量。按肉兔的营养需要，必需氨基酸有精氨酸、赖氨酸、蛋氨酸、组氨酸、亮氨酸、异亮氨酸、苏氨酸、缬氨酸、甘氨酸、色氨酸和苯丙氨酸等。在日增重 35~40 克的育成兔日粮中，应含有精氨酸 0.6%，赖氨酸 0.65%，含硫氨基酸 0.61%。赖氨酸和蛋氨酸是限制性氨基酸，在肉兔日粮中适当添加赖氨酸和蛋氨酸，能提高蛋白质的利用率。

实践证明，多种饲料配合饲喂，可充分发挥氨基酸之间的互补作用，明显提高饲料蛋白质的利用率。棉籽饼中添加赖氨酸和蛋氨酸，菜籽饼中添加蛋氨酸是肉兔最好的蛋白质饲料。因此，在饲养实践中，必须重视多种饲料的合理搭配和日粮的加工调制。

三、粗纤维

粗纤维是指植物性饲料中难消化的物质，它在维持肉兔正常消化机能、保持消化物稠度、形成硬粪及消化运转过程中起重要的物理作用。成年兔饲喂高能量、高蛋白质日粮往往事与愿违，不但不能加快生长，反而会导致消化道疾病，其主要原因是粗纤维供给量过少，因而肠道蠕动减慢，食物通过消化道时间延长，造成结肠内压升高，从而引起消化紊乱，出现腹泻，死亡率增加。但日粮中粗纤维含量过高，也会引起肠道蠕动过速，日粮通过消化道速度加快，营养浓度降低，影响生产性能。

兔日粮中适宜的粗纤维含量为 12%~14%。幼兔可适当低些，但不能低于 8%；成年兔可适当高些，但不能高于 20%。6~12 周龄的生长兔饲喂含粗纤维 8%~10% 的日粮可获得最佳生产效果。如果粗纤维水平提高到 13%~14%，则饲料转化率降低 12%~15%。

四、脂肪

脂肪是提供能量和沉积体脂的营养物质之一，也是构造兔体组织的重要组成成分。据试验，成年兔日粮中的脂肪含量应为 2%~4%，妊娠和哺乳母兔应含 4%~5%。日粮中脂肪含量不足，则会导致兔体消瘦和脂溶性维生素缺乏症，公兔副性腺退化，精子发育不良，母兔则受胎率下降，产仔数减少。相反，日粮中脂肪含量过高，则会降低适口性，甚至出现腹泻、死亡等。

肉兔体内的脂肪主要由饲料中的碳水化合物转变为脂肪酸后合成。但脂肪酸中的18碳二烯酸（亚麻油酸）、18碳三烯酸（次亚麻油酸）和20碳四烯酸（花生油酸）在兔体内不能合成，必须由饲料中供给，称为必需脂肪酸。必需脂肪酸在兔体内的作用极为复杂，缺乏时则会引起生长发育不良，公兔精细管退化，畸形精子数增加和母兔繁殖性能下降等不良现象。

五、水

水是肉兔生命活动所必需的物质，体内营养物质的运输、消化、吸收和粪便的排除，都需要水分。此外，肉兔体温的调节和机体的新陈代谢活动都需要水的参与。在缺水情况下，常会引起食欲减退，消化机能紊乱，甚至死亡。

据试验，肉兔的需水量一般为采食干物质量的1.5~2.5倍，每千克体重每日需水量为100~120毫升。当然，肉兔的饮水量还与季节、气温、年龄、生理状态、饲料类型等因素有关。炎热的夏季饮水量增加；青绿饲料供给充足，饮水量减少；幼兔生长发育快，饮水量比成年兔多，哺乳母兔饮水量更多。

六、矿物质

矿物质元素在兔体内的含量较少，约占成年兔体重的4.8%，参与机体内的各种生命活动，在整个机体代谢过程中起重要作用，是保证肉兔健康、生长、繁殖所不可缺少的营养素。

钙和磷是肉兔体内含量最多的矿物质元素，是构成骨骼的主要成分，日粮中钙、磷不足，则会引起幼兔的佝偻病、成年兔的软骨病。钠和氯在机体酸碱平衡中起重要作用，也是维持细胞体液渗透压的重要离子，如长期缺乏则会引起食欲减退，生长迟缓，饲料利用率

下降。肉兔日粮中适宜的含钙量为1%~1.5%，磷0.5%~0.8%；钾0.6%~1%，镁0.25%~0.35%日粮中食盐的添加量为0.5%左右。每千克日粮中锌的添加量为50毫克，铜为5毫克，钴为1毫克，硒为0.1毫克。

七、维生素

维生素是一类低分子有机化合物，在肉兔体内含量甚微，多参与酶分子构成，发挥生物学活性物质作用，与肉兔的生长、繁殖、健康等关系较为重要的有维生素A、维生素D、维生素E、维生素K。据试验，生长兔和种公兔每千克体重每日需维生素A8微克，繁殖母兔需14微克，相当于每千克日粮中应含维生素A580和1 160国际单位。成年新西兰白兔，每千克日粮含维生素D900~1 000国际单位即可满足其需要；维生素E的最低推荐量为每天0.32毫克／千克体重；维生素K为2毫克。

第三节　肉兔的常用饲料原料

饲料是肉兔养殖生产的基础，饲料成本占养兔成本的70%以上，良好的饲料供给是获得养兔生产效果和养兔经济效益的重要保证，而优良的原料又是家兔饲料质量的保证。

一、常用粗饲料利用特点

粗饲料是指干物质中粗纤维含量在18%以上的饲料原料。粗饲料的特点是：体积大，比重轻，粗纤维含量高，可利用成分少。但对家兔而言，由于其消化生理特点所决定，粗饲料是其配合饲料中不可缺少的原料。

粗饲料包括：青干草、作物秸秆、作物秧、作物藤蔓、作物荚壳

（秕壳）、糠皮类等。

（一）青干草

青干草是指天然草场或人工栽培牧草适时刈割，经干燥处理后的饲草。晒制良好的青干草，颜色青绿，味芳香，质地柔软，适口性好；叶片不脱落，保持了绝大部分的蛋白质、脂肪、矿物质和维生素。适时刈割晒制的青干草，营养含量丰富，是家兔的优质粗饲料。青干草主要包括两大类，即：豆科和禾本科青干草，也有少数其他科青干草。

1. 豆科青干草

豆科牧草由豆科饲用植物组成的牧草类群，又称豆科草类。豆科牧草主要有苜蓿、三叶草、草木樨、红豆草、紫云英等属，其中紫花苜蓿和白三叶草是最优良的牧草。多为草本，少数为半灌木、灌木或藤本。豆科青干草营养特点是：粗蛋白含量高而且品质好，粗纤维含量低，钙及维生素含量丰富，饲用价值高，所含蛋白可以取代家兔配合饲料中豆饼（粕）等的蛋白而降低饲料成本。

目前，豆科草以人工栽培为主，如我国各地普遍栽培的苜蓿、红豆草等。豆科牧草最佳刈割时期为现蕾至初花阶段。国外栽培的豆科牧草以苜蓿、三叶草为主，法国、德国、西班牙、荷兰等养兔先进国家的家兔配合饲料中，苜蓿和三叶草的比例可占到45%~50%，有的甚至高达90%。

2. 禾本科青干草

禾本科青干草来源广泛，数量大，适口性好，易干燥，不落叶。与豆科青干草相比较，粗蛋白含量低，钙含量低，胡萝卜素等维生素含量高。

目前，禾本科草以天然草场为主，其最佳收割时期为孕穗至抽穗阶段。此时，粗纤维含量低，质地柔软；粗蛋白含量高，胡萝卜素含量也高；产量高。禾本科青干草在兔配合饲料中可占到30%~45%。

（二）作物秸秆

作物秸秆是农作物收获籽实后的副产品。如玉米秸、玉米芯、稻草、谷草、麦秸、豆类和花生秸秆等。这类粗饲料粗纤维含量高达30%~50%，木质素比例大，一般为6%~12%，所以适口性差、消化率低、能量价值低；蛋白质含量只有2%~8%，品质也较差，缺乏必需氨基酸（豆科作物较禾本科作物的秸秆要好些）；灰分含量高，如稻草高达17%，其中大部分为硅酸盐，钙、磷含量低，比例也不适宜；除维生素D外，其他维生素都缺乏，尤其缺乏胡萝卜素。因此，作物秸秆的营养价值较低，但由于家兔饲料中需要有一定量的粗纤维，这类饲料原料作为家兔配合饲料的组成部分主要是补充粗纤维。

1. 玉米秸

玉米秸的营养价值因品种、生长时期、秸秆部位、晒制方法等不同而有所差异。一般来说，夏玉米秸比春玉米秸营养价值高，叶片较茎营养价值高，快速晒制较长时间风干的营养价值高。晒制良好的玉米秸呈青绿色，叶片多，外皮无霉变，水分含量低。玉米秸的营养价值略高于玉米芯，与玉米皮相近。

利用玉米秸作为家兔配合饲料中粗饲料原料时必须注意以下几点。

（1）防发霉变质　玉米秸有坚硬的外皮，秸内水分不易蒸发，贮藏备用时必须保证玉米叶和茎都晒干，否则会发霉变质。

（2）加水制粒　玉米秸秆容重小，膨松，为保证制粒质量，可适当增加水分（以10%为宜），同时添加黏结剂（如加入0.7%~1.0%的膨润土），制出的颗粒要注意晾干水分（降至8%~10%）。

（3）适宜的比例　玉米秸秆作为家兔配合饲料中粗饲料原料时，其比例可占20%~40%。

2. 稻草

是家兔重要的粗饲料原料。据测定，稻草含粗蛋白质5.4%，粗脂肪1.7%，粗纤维32.7%，粗灰分11.1%，钙0.28%，磷0.08。稻草作为家兔配合饲料中粗饲料时，比例可占10%~30%。稻草在配合饲料中所占比例比较高的时候，要特别注意钙的补充。

3. 麦秸

麦秸是家兔粗饲料中质量较差的，其营养成分因品种、生长时期等的不同而有所差异。

麦类秸秆中，小麦秸的分布最广，产量最多，但其粗纤维含量高，并含有较多难以被利用的硅酸盐和蜡质，长期饲喂容易"上火"和便秘，影响生产性能。麦类秸秆中，大麦秸、燕麦秸和荞麦秸的营养较小麦秸要高，且适口性好。麦类秸秆在家兔配合饲料中的比例以5%左右为宜，一般不超过10%。

4. 豆秸

豆秸在收割和晾晒过程中叶片大部分凋落，剩余部分以茎秆为主，所以维生素已被破坏，蛋白质含量减少，营养价值较低，但与禾本科作物秸秆相比，其蛋白质含量高。以茎秆为主的豆秸，多呈木质化，质地坚硬，适口性差。豆秸主要有大豆秸、豌豆秸、蚕豆秸和绿豆秸等。

在豆类产区，豆秸产量大、价格低，深受养兔者的欢迎。家兔配合饲料中豆秸可占35%，且生产性能不受影响。

5. 谷草

是禾本科秸秆中较好的粗饲料。谷草中的营养物质含量相对较高：干物质89.8%，粗蛋白质3.8%，粗脂肪1.6%，粗纤维37.3%，无氮浸出物41.4%，粗灰分5.5%。谷草易贮藏，卫生，营养价值高，制粒效果好，是家兔优质秸秆类粗饲料。家兔配合饲料中谷草比例可占到35%。使用谷草作为粗饲料且比例比较大的时候，注意补充钙。

（三）作物秧及藤蔓

作物秧及藤蔓是一类优良的粗饲料，主要有：花生秧、甘薯蔓等。

1. 花生秧

是一种优良的粗饲料，其营养价值接近豆科干草，干物质90%

以上，其中粗蛋白质 4.6%~5.0%，粗脂肪 1.2%~1.3%，粗纤维 31.8%~34.4%，无氮浸出物 48.1%~52.0%，粗灰分 6.7%~7.3%，钙 0.89%~0.96%，磷 0.09%~0.10%，并含有铜、铁、锰、锌、硒、钴等微量元素。花生秧应在霜降前收割，鲜花生秧水分高，收割后要注意晾晒，防止发霉。晒制良好的花生秧应是色绿、叶全、营养损失较小。作为家兔配合饲料中粗饲料时可占 35%。

2. 甘薯蔓

甘薯又称红薯、白薯、地瓜、红苕等。甘薯蔓可作为家兔的青绿饲料，也可作为家兔的粗饲料。甘薯蔓中含有胡萝卜素 3.5~23.2 毫克/千克。可作为家兔的青绿饲料鲜喂，也可晒制后作为粗饲料使用。因其鲜蔓中水分含量高，晒制过程中一定要勤翻，防止腐烂变质。晒制良好的甘薯蔓营养丰富，干物质占 90% 以上，其中粗蛋白质 6.1%~6.7%，粗脂肪 4.1%~4.5%，粗纤维 24.7%~27.2%，无氮浸出物 48.0%~52.9%，粗灰分 7.9%~8.7%，钙 1.59%~1.75%，磷 0.16%~0.18%。家兔配合饲料中可加至 35%~40%。

（四）作物荚（秕）壳

秕壳类粗饲料原料主要是指各种植物的籽实壳，其中含有不成熟的农作物籽实。秕壳类粗饲料原料的营养价值高于同种农作物秸秆（花生壳除外）。

豆类荚壳可占兔饲料的 10%~20%，花生壳的粗纤维含量虽然高达 60%，但生产中以花生壳作为家兔的主要粗饲料占 30%~40%，对青年兔和空怀兔无不良影响，且兔群较少发生腹泻。但花生壳与花生饼（粕）一样极易感染霉菌，使用时应特别注意。

谷物类秕壳的营养价值比豆类荚壳低。其中，稻谷壳因其含有较多的硅酸盐，不仅会给制粒机械造成损害，也会刺激兔的消化道引起溃疡，稻壳中有些成分还有促进饲料酸败的作用；高粱壳中含有单宁（鞣酸），适口性较差；小麦壳和大麦壳营养价值相对较高，但麦芒带刺，对家兔消化道有一定的刺激。因此，这些秕壳在家兔配合饲料中的比例不宜超过 8%。

葵花籽壳在秕壳类粗饲料原料中营养价值较高，可添加 10%~15%。

（五）其他类粗饲料原料

还有一些农作物的其他部分，也能作为家兔的粗饲料，比如玉米芯。

玉米芯含粗蛋白质 4.6%，可消化能 1674 千焦 / 千克，酸性洗涤纤维（ADF）49.6%，纤维素 45.65%，木质素 15.8%。家兔配合饲料中可加入 10%~15%。玉米芯粉碎时要消耗较高的能源。

二、常用能量饲料原料

通常叫粗纤维含量低于 18%、粗蛋白含量低于 20% 的饲料原料称作能量饲料。主要能量饲料包括谷物籽实类、糠麸类及油脂类等。能量饲料是家兔配合饲料中主要能量来源。共同特点是：蛋白含量低、且品质差，某些氨基酸含量不足，特别是赖氨酸和蛋氨酸含量较少；矿物质含量磷多、钙少；B 族维生素和维生素 E 含量较多，但缺乏维生素 A 和维生素 D。

（一）谷物籽实类能量饲料原料

谷物籽实类是兔的主要能量饲料，主要包括：玉米、高粱、小麦、大麦、燕麦等。

（二）糠麸类能量饲料原料

糠麸类饲料是粮食加工副产品，资源丰富。主要有：小麦麸和次粉、米糠、小米糠、玉米糠、高粱糠等。

（三）油脂类能量饲料原料

油脂是最好的能量饲料，包括植物油脂和动物油脂两大类。特点是能量值高。家兔日粮中添加适量的脂肪，不仅可以提高饲料能量水

平，改善颗粒饲料质地和适口性，促进脂溶性维生素的吸收，提高饲料转化率和促进生长，同时能够增加皮毛的光泽度。但在我国养兔生产实践中，很少有人在饲料中添加脂肪，一方面，人们认为正常情况下家兔日粮结构中多以玉米作为能量饲料，其脂肪含量一般可以满足家兔需要；另一方面，饲料中添加的脂肪必须是食用脂肪，否则质量难以保证，所以价格较高，添加脂肪必将提高饲料成本。我国养兔生产实践中，无论是自配料，还是市场上众多的商品饲料，其能量水平均难以达到家兔的饲养标准，所以有必要在家兔饲料中添加适量油脂。

三、常用蛋白质饲料原料

通常将粗蛋白质含量在 20% 以上的饲料原料称为蛋白质饲料，是家兔饲粮中蛋白质的主要来源。根据来源不同分为两大类，即植物性和动物性蛋白饲料。

（一）植物性蛋白饲料原料

植物性蛋白饲料是家兔饲粮蛋白质的主要来源，包括豆类作物（主要包括有大豆、黑豆、绿豆、豌豆、蚕豆等）、油料作物籽实加工副产品，如花生饼（粕）、葵花籽饼（粕）、芝麻饼、菜籽饼（粕）、棉籽饼（粕）等，以及其他作物加工副产品，如玉米蛋白粉、玉米蛋白饲料、玉米酒精蛋白、喷浆蛋白（喷浆纤维）、玉米胚芽饼（粕）、麦芽根、小麦胚芽粉等。

（二）动物性蛋白饲料原料

动物性蛋白饲料是指渔业、食品加工业或乳制品加工业的副产品，蛋白质含量高（45%~85%）、品质好，氨基酸品种全、含量高、比例适宜；消化率高；粗纤维极少；矿物质元素钙磷含量高且比例适宜；B 族维生素（尤其是核黄素和维生素 B_{12}）含量相当高。

常用的有鱼粉、蚕蛹粉与蚕蛹饼、血粉、羽毛粉、肉骨粉和肉粉、血浆蛋白粉等。

（三）单细胞蛋白饲料原料

单细胞蛋白是指单细胞或具有简单构造的多细胞生物的菌体蛋白，由此而形成的蛋白质较高的饲料称为单细胞蛋白（SCP）饲料，又称微生物蛋白饲料。主要有酵母类（如酿酒酵母、热带假丝酵母等）、细菌类（如假单胞菌、芽孢杆菌等）、霉菌类（如青霉、根霉、曲霉、白地霉等）和微型藻类（如小球藻、螺旋藻等）等4类。

家兔饲粮中添加饲料酵母，可以促进盲肠微生物生长，减少胃肠道疾病，增进健康，改善饲料利用率和生产性能。但家兔饲粮中饲料酵母的用量不宜过高，否则会影响饲粮适口性和生产性能，用量以2%~5%为宜。

四、常用矿物质、微量元素补充饲料

家兔饲料中虽然含有一定量的矿物质元素，且因其采食饲料的多样性，在一定程度上可以互相补充而满足机体需要，但在舍饲条件下或对高产家兔来说，矿物质元素的需要量大大增加，常规饲料中的矿物质元素远远不能满足生产需要，必须另行添加。

常量矿物质元素补充饲料主要有食盐、钙补充饲料（碳酸钙、石粉、石灰石、方解石、贝壳粉、蛋壳粉、硫酸钙等，其中以石粉和贝壳粉最为常见）、磷补充饲料（如磷酸氢钙和骨粉）。

目前，因微量元素添加量较少，单体微量元素长久贮存后容易出现结块等，因此除大型饲料生产企业和大型规模化养殖场采购单体微量元素外，大部分使用市场上销售的复合微量元素产品。

复合微量元素产品有通用的（各种家畜通用），也有各种家畜专用的，而专用产品更具针对性，效果更好，一般建议用家兔专用产品。规模化养兔场也可以委托微量元素添加剂企业代加工自己场专用产品，质量更稳定，效果更好。

五、饲料添加剂及其营养和利用特点

饲料添加剂是指在饲料加工、制作、使用过程中添加的少量或微量物质。饲料中使用饲料添加剂的目的在于，完善饲料中营养成分的不足或改善饲料品质，提高饲料利用率，抑制有害物质，防止畜禽疾病及增进动物健康。从而达到提高动物生产性能、改善畜产品品质、保障畜产品安全、节约饲料及增加养殖经济效益的目的。饲料添加剂的种类繁多，用途各异。目前，国内大多按其作用分为营养性和非营养性饲料添加剂两大类。添加剂是现代配合饲料不可缺少的组成部分，也是现代集约化养殖不可缺少的内容。

（一）营养性饲料添加剂

营养性添加剂主要是用来补充天然饲料营养（主要是维生素、微量元素、氨基酸）成分的不足，平衡和完善日粮组分，提高饲料利用率，改善生产性能，提高产品数量和质量，节省饲料和降低成本。营养性饲料添加剂是最常用最重要的添加剂，包括氨基酸、维生素和微量元素 3 大类。

（二）非营养性饲料添加剂

非营养性饲料添加剂是添加到饲料中的非营养物质，种类多，其作用是提高饲料利用率、促进动物生长和改善畜产品质量。包括：生长促进剂、驱虫保健剂、饲料品质改良剂、饲料保存改善剂和中药添加剂等。

中草药的成分和作用比较复杂，特异性差，绝大多数中草药兼有营养性和非营养性两方面的作用，难以区分。中草药添加剂被真正深入研究推广是在 20 世纪 80 年代，目前已有近 300 种中草药作为饲料添加剂。这里按所用中草药种类的多少分为单方和复方来汇总一些家兔用中草药添加剂及其使用效果。

1. 单方中草药添加剂

（1）大蒜　每只兔日喂 2~3 瓣大蒜，可防治兔球虫、蛲虫、感冒及腹泻。饲料中添加 10% 的大蒜粉，不仅可提高日增重，还可以预防多种疾病。

（2）黄芪粉　每只兔日喂 1~2 克黄芪粉，可提高日增重，增强抗病力。

（3）陈皮　肉兔饲料中添加 5% 的橘皮粉可提高日增重，改善饲料利用率。

（4）石膏粉　兔日粮添 0.5% 石膏粉，产毛量提高 19.5%，也可治疗兔食毛症。

（5）蚯蚓　含有多种氨基酸，饲喂家兔有增重、提高产毛、提高母兔泌乳等作用。

（6）青蒿　青蒿 1 千克，切碎，清水浸泡 24 小时，置蒸馏锅中蒸馏取液 1 升，再将蒸馏液重新蒸馏取液 250 毫升，按 1% 比例拌料喂服，连服 5 天，可治疗兔球虫病。

（7）松针粉　每天给兔添加 20~50 克，可使肉兔体重增加 12%，毛兔产毛量提高 16.5%，产仔率提高 10.9%，仔兔成活率提高 7%，獭兔毛皮品质提高。

（8）艾叶粉　用艾叶粉取代基础日粮中 1.5% 的小麦麸，日增重提高 18%。

（9）党参　美国学者报道，党参的提取物可促进兔的生长，使体重增加 23%。

（10）沙棘果渣　据报道，饲料中添加 10%~60% 的沙棘果渣喂兔，能使适繁母兔怀胎率提高 8%~11.3%，产仔率提高 10%~15.1%，畸形、死胎率减少 13.6%~17.4%，仔兔成活率提高 19.8%~24.5%，仔兔初生重提高 4.7%~5.6%，幼兔日增重提高 11%~19.2%，青年母兔日增重提高 20.5%~34.8%，还能提高母兔泌乳量，降低发病率，使兔的毛色发亮。

2. 复方中草药添加剂

（1）催长散　山楂、神曲、厚朴、肉苁蓉、槟榔、苍术各 100

克，麦芽 200 克，淫羊藿 80 克，川军 60 克，陈皮、甘草各 20 克，蚯蚓、蔗糖各 1000 克，每隔 3 天饲喂 0.6 克，新西兰白、加利福尼亚、青紫蓝兔增重率分别提高 30.7%、12.3% 和 36.2%。

（2）催肥散　麦芽 50 份，鸡内金 20 份，赤小豆 20 份，芒硝 10 份，共研细末，每只兔日喂 5 克，饲喂 2.5 个月，比对照组多增重 500 克。

（3）增重散　组方 1：黄芪 60%，五味子 20%，甘草 20%，每只兔日喂 5 克，肉兔日增重提高 31.41%；组方 2：苍术、陈皮、白头翁、马齿苋各 30 克，元芪、大青叶、车前草各 20 克，五味子、甘草各 10 克，共研细末，每日每只兔 3 克，提高增重率 19%；组方 3：山楂、麦芽各 20 克，鸡内金、陈皮、苍术、石膏、板蓝根各 10 克，大蒜、生姜各 5 克，以 1% 添加，日增重提高 17.4%。

（4）催情散　组方 1：党参、黄芪、白术各 30 克，肉苁蓉、阳起石、巴戟天、枸杞各 40 克，当归、淫羊藿、甘草各 20 克，粉碎后混合，每日每只兔 4 克，连喂 1 周，对无发情表现母兔，催情率 58%，受胎率显著提高，对性欲低下的公兔，催情率达 75%；组方 2：淫羊藿 19.5%，当归 12.5%，香附 15%，益母草 34%，每日每只兔 10 克，连喂 7 天，有较好的催情效果。

六、青绿多汁饲料

一般指的是天然水分含量高于 60% 的饲料，凡是家兔可食的绿色植物都包含在此类饲料中。这类饲料来源广、种类多，主要包括牧草类、青刈作物类、蔬菜类、树叶类、块根块茎类等。

青绿多汁饲料适口性好，有润便作用，与干、粗饲料适当搭配有利于粪便排泄。一般含水 70%~95%，柔软多汁，适口性好，消化率高，具有轻泻作用，能值低。一般含粗蛋白质 0.8%~6.7%，按干物质计为 10%~25%。含有多种必需氨基酸，如苜蓿所含的 10 种必需氨基酸比谷物类饲料多，其中赖氨酸含量比玉米高出 1 倍以上。粗蛋白质的消化率达 70% 以上，而小麦秸仅为 8%。

青绿多汁饲料最突出的特点是维生素含量丰富且种类多，也是其他饲料无法比拟的，如与玉米籽实比，每千克青草胡萝卜素高50~80倍，维生素 B_2 高3倍，泛酸高近1倍。另外，还含有烟酸、维生素C、维生素 E 及维生素 K 等，不含维生素 D。矿物质含量丰富，尤其是钙、磷含量多且比例合适。豆科牧草的含钙量高于其他科植物。

第四节　肉兔的饲养标准和饲料配合

一、兔的饲养标准

（一）饲养标准

饲养标准，也即营养需要量，是通过长期研究根据、畜种、品种、生理状态、生产目的和生产水平，科学地规定出应该供给家畜的能量等营养物质的数量和比例，这种按家畜不同情况规定的营养指标，便称为饲养标准。饲料标准中规定了能量、粗蛋白、氨基酸、粗纤维、粗灰分、矿物质、维生素等营养指标的需要量，通常以每千克饲粮的含量和百分比数表示。肉兔饲养标准是设计家兔饲料配方的依据。

（二）使用饲养标准应注意的问题

1.因地制宜，灵活运用

任何饲养标准所规定的营养指标及其需要量只是个参考，实际生产中要根据自身的具体情况（品种、管理水平、设施状态、生产水平、饲料原料资源等）灵活应用。

2.实践检验，及时调整

应用饲养标准时，必须通过实践检验，利用实际运用效果及时适当调整。

3.随时完善和充实

饲养标准本身并非永恒不变，需要随生产实践中不断检验、科学研究的深入和生产水平的提高来进行不断修订、充实和完善。

（三）家兔饲养标准

国外对家兔营养需要量研究较多的国家有：法国、德国、西班牙、匈牙利、美国及前苏联。我国家兔营养需要研究工作始于20世纪80年代，但至今尚未形成规范的家兔饲养标准。部分国内不同研究单位推荐的肉兔和獭兔营养需要标准或建议营养供给量（表6-1和表6-2），供参考。

表6-1 南京农业大学等单位推荐的中国兔建议营养供给量

营养成分	生理阶段				
	生长兔		妊娠兔	哺乳兔	生长育肥兔
	3~12周龄	12周龄后			
消化能/（兆焦/千克）	12.12	10.4~11.29	10.45	10.8~11.29	12.12
粗蛋白质/%	18	16	15	18	16~18
粗纤维/%	8~10	10~14	10~14	10~12	8~10
粗脂肪/%	2~3	2~3	2~3	2~3	3~5
蛋+胱氨酸/%	0.7	0.6~0.7	0.6~0.7	0.6~0.7	0.4~0.6
赖氨酸/%	0.9~1.0	0.7~0.9	0.7~0.9	0.8~1.0	1
精氨酸/%	0.8~0.9	0.6~0.8	0.6~0.8	0.6~0.8	0.6
钙/%	0.9~1.1	0.5~0.7	0.5~0.7	0.8~1.1	1
磷/%	0.5~0.7	0.3~0.5	0.3~0.5	0.5~0.8	0.5
食盐/%	0.5	0.5	0.5	0.5~0.7	0.5
铜/（毫克/千克）	15	15	15	10	20
锌/（毫克/千克）	70	40	40	40	40
铁/（毫克/千克）	100	50	50	100	100
锰/（毫克/千克）	15	10	10	10	15
镁/（毫克/千克）	300~400	300~400	300~400	300~400	300~400
碘/（毫克/千克）	0.2	0.2	0.2	0.2	0.2
维生素A/（国际单位/千克）	6000~10000	6000~10000	8000~10000	8000~10000	8000
维生素D/（国际单位/千克）	1000	1000	1000	1000	1000

（资料来源：杨正，现代养兔，1999年6月，中国农业出版社）

表6-2　中国农业科学院兰州畜牧与兽药研究所推荐的肉用兔饲养标准

营养成分	生理阶段			
	生长兔	妊娠母兔	哺乳母兔及仔兔	种公兔
消化能 /（兆焦 / 千克）	10.46	10.46	11.30	10.04
粗蛋白质 /%	15~16	15.00	18.00	18.00
蛋能比 /（克 / 兆焦）	14~16	14	16	18
钙 /%	0.5	0.8	1.1	—
磷 /%	0.3	0.5	0.8	—
钾 /%	0.8	0.9	0.9	—
钠 /%	0.4	0.4	0.4	—
氯 /%	0.4	0.4	0.4	—
含硫氨基酸 /%	0.5	—	0.60	
赖氨酸 /%	0.66	—	0.75	
精氨酸 /%	0.90	—	0.80	
苏氨酸 /%	0.55	—	0.70	
色氨酸 /%	0.15	—	0.22	
组氨酸 /%	0.35	—	0.43	
苯丙氨酸 + 酪氨酸 /%	1.20	—	1.40	
缬氨酸 /%	0.70	—	0.85	
亮氨酸 /%	1.05	—	1.25	

二、饲料配方设计

合理地配制饲料是满足兔对各种营养物质的需要，降低饲养成本，获取最大经济效益的关键。

（一）饲料配方设计的原则

1. 科学性

配方设计要根据家兔的品种、年龄、生理状况和生产水平，结合本地区的生产实际经验，参照相应的饲养标准制定合理的营养水平。

2.营养全面平衡

饲料不仅要包括能量、蛋白、粗饲料和添加剂（维生素、常量矿物质、微量矿物质和药物添加剂），且各饲料组分的比例必须合理。

3.安全性和无害性

饲料要保证安全、无害，不能使用发霉变质、带泥沙、冰冻、含露水的、农药污染、含有毒素的饲料原料，也不能添加国家规定的禁用药物。

4.经济性和稳定性

配制饲料的原料来源要广，价格要便宜，供给要充足，既要保证经济实惠又要兼顾稳定。日粮组成改变过大过快，会影响家兔的采食，产生消化不良等情况。

5.适口性

尽量选择兔喜食、营养价值高且易被兔消化吸收的原料。一般而言，兔子喜吃味甜、多汁、香脆的植物性饲料；不爱吃有腥味、干粉状和有其他异味的饲料。

（二）饲料配方设计的方法

目前生产上常用的有电脑法和试差法。

1.电脑法

根据所选用的原料、肉兔对各种营养物质的需要量以及市场价格，将有关数据输入电脑，并提出约束条件（如饲料配比、营养指标等），很快就能算出既能满足肉兔营养需求而价格又相对较低的饲料配方。

2.试差法

在不具备用电脑完成饲料配方设计的情况下，常用试差法来计算，这是专业知识、算术运算及设计经验相结合的一种配方计算方法。可以同时计算多个营养指标，不受饲料原料限制，但要配平衡一个营养指标满足已确定的营养需要，一般要反复试算多次。现以生长兔的日粮配方设计为例，介绍试差法设计饲料配方的具体步骤。

（1）确定饲料原料种类　根据当地的资源，选定所用原料。如玉米、大麦、麦麸、豆粕、菜籽饼、蚕蛹、苜蓿草粉、骨粉、食盐等并查出他们的主要营养成分（表6-3）。

表6-3　饲料营养价值

饲料名称	消化能 /（兆焦耳/千克）	粗蛋白 /%	粗纤维 /%	钙 /%	磷 /%
玉米	15.44	7.3	1.9	0.01	0.28
大麦	14.07	10.2	4.3	0.10	0.46
麦麸	12.91	15.6	9.2	0.14	0.96
豆粕	13.54	42.3	3.6	0.28	0.57
菜籽饼	13.33	36.0	11.0	0.76	0.88
蚕蛹	23.10	45.3	5.3	0.29	0.58
苜蓿草粉	5.82	11.5	30.5	1.65	0.17
骨粉	—	—	—	21.84	11.25

（2）确定营养指标　根据兔的饲养标准，查生长兔需要的主要营养需要指标（表6-4）。

表6-4　生长兔的营养需要

消化能 /（兆焦/千克）	粗蛋白质 /%	粗纤维 /%	钙 /%	磷 /%
10.46	16	10~12	0.40	0.22

（3）根据生产实际初步确定各类饲料的大致比例（表6-5）

表6-5　各类饲料大致比例/%

饲料原料	玉米	大麦	麦麸	豆饼	菜籽饼	蚕蛹	苜蓿草粉	骨粉	食盐	添加剂
用量	15	20	30	4	7	3	20	0.5	0.5	1

（4）计算饲料配方的营养指标　计算方法是用每一种饲料在配合料中所占的百分比，分别去乘该饲料的消化能、粗蛋白质、粗纤维、

钙、磷等含量，再将各种饲料的每项营养成分累加，即得出初拟配方中的每千克饲料所含的主要营养成分指标（表6-6）。

表6-6 饲料配方营养指标计算方法

原料	用量 / %	消化能 / (兆焦 / 千克)	粗蛋白质 /%	粗纤维 /%	钙 /%	磷 /%
玉米	15	0.15 × 15.44 =2.316	0.15 × 7.3 =1.095	0.15 × 1.9 =0.285	0.15 × 0.01 =0.0015	0.15 × 0.28 =0.042
大麦	20	0.2 × 14.07 =2.814	0.2 × 10.2 =2.04	0.2 × 4.3 =0.86	0.2 × 0.10 =0.02	0.2 × 0.46 =0.092
麦麸	29	0.29 × 12.91 =3.7439	0.29 × 15.6 =4.524	0.29 × 9.2 =2.668	0.29 × 0.14 =0.0406	0.29 × 0.96 =0.2784
豆粕	4	0.04 × 13.54 =0.5416	0.04 × 42.3 =1.692	0.04 × 3.6 =0.144	0.04 × 0.28 =0.0112	0.04 × 0.57 =0.0228
菜籽饼	7	0.07 × 13.33 =0.8331	0.07 × 36.0 =2.52	0.07 × 11 =0.77	0.07 × 0.76 =0.0532	0.07 × 0.88 =0.0616
蚕蛹	3	0.03 × 23.10 =0.693	0.03 × 45.3 =1.359	0.03 × 5.3 =0.159	0.03 × 0.29 =0.0087	0.03 × 0.58 =0.0174
苜蓿草粉	20	0.2 × 5.82 =1.164	0.2 × 11.5 =2.3	0.2 × 30.5 =6.1	0.2 × 1.65 =0.33	0.2 × 0.17 =0.034
骨粉	0.5				0.005 × 21.84 =0.1092	0.005 × 11.25 =0.05625
食盐	0.5					
添加剂	1					
合计	100	12.1056	15.53	10.986	0.5744	0.60445

（5）将计算出来的配合饲料的各种营养指标，与标准要求的营养指标比较 从表6-6可知，这个配方中的消化能、钙、磷含量均偏高，粗蛋白含量偏低，因此需要调整。调整的方法是针对原配方存在的问题，结合各类饲料的营养特点，相应的进行部分饲料配合比例的增减，并继续计算，即重复第四、第五步，直至达到或接近标准为

止。

（三）肉兔饲料配方实例

肉兔全价配合饲料推荐配方见表 6-7。

表6-7　肉兔全价配合饲料推荐配方　　　　/%

饲料原料	比例		
	仔幼兔	生长兔	繁殖母兔
苜蓿草粉	30	31	35
玉米	23	28	20
小麦麸	21.8	21.8	22
大豆粕	15	11	16
菜粕	2	3	2
蚕蛹	4	2	2
碳酸氢钙	1	1	1
石粉	0.7	0.7	0.5
葡萄糖	1	—	—
预混料	1	1	1
食盐	0.5	0.5	0.5

第七章
兔病防治基础知识

第一节　肉兔场的生物安全防治措施

一、规范肉兔场的消毒制度

（一）肉兔场生产消毒制度

消毒是贯彻落实"预防为主"方针的重要措施。消毒在兽医卫生防疫体系中主要通过消灭被传染源散播在外界环境中的病原体，从而起到切断传播途径，防止疫病继续蔓延、流行。在肉兔安全养殖生产中，规范消毒制度是完善兽医卫生防疫体系建设的重要举措，通常有3种不同目的的消毒措施。

1. 预防性消毒

结合平时肉兔饲养管理，对兔舍、兔笼、背网、粪沟、过道、食槽、笼底板、产仔箱、饮水管等进行定期消毒，以起到减少或消灭肉兔生活环境中的病原微生物，从而降低肉兔疫病发生的概率，一般1~2周开展一次预防性消毒。预防性消毒时由于兔舍内饲养有动物，选用消毒剂一般应为刺激性小、对动物无副作用。常用消毒剂有百毒杀、低浓度过氧乙酸、适宜浓度的高锰酸钾等。

2. 随时消毒

指肉兔养殖生产过程中，已发生传染性疫病，为了及时消灭从病死兔排出的病原微生物而采取的消毒措施。由于该消毒措施是在有疫病发生、流行的时候进行，因此应每天多次或随时进行消毒。消毒的对象为发病兔舍、兔笼、用具、分泌物、排泄物以及可能受到污染的饲草、饮水、用具等。

3.终末消毒

在疫情得到有效控制后，为了消灭兔场内可能存在或残留的病原微生物所进行的全面彻底的大消毒。在肉兔安全养殖生产中，终末消毒还应用于每出栏一批商品兔后，对空兔舍的消毒，为下一批商品肉兔安全养殖奠定基础。终末消毒一般选用消毒作用强的2%~5%烧碱、2%~4%福尔马林溶液等消毒剂。

（二）常用的消毒方法

1.机械性消毒

在肉兔养殖生产中，机械性消毒是最常用、普通的一种消毒方法。如每天进行的清洁卫生打扫，可以将兔舍内的粪尿、污水、垫草、日粮残渣等清除干净。清扫出来的污物，应根据其性质进行无害化处理。

另外，通风换气也是机械消毒中的一种，且具有重要的消毒意义。虽然通风换气不能杀灭兔舍内的病原体，但可以通过空气对流、交换的方式，减少病原微生物的数量以及有害气体浓度。在肉兔养殖生产中，要保持兔舍通风换气效果良好，兔舍通风时间要按舍内外温差大小来定，一般每天不少于30分钟。

2.物理性消毒

阳光、紫外线（图7-1和图7-2）和干燥：阳光中的紫外线对病原体有较强的杀灭作用。肉兔养殖生产中，饲草、食槽、补饲栏、笼底板、产仔箱等用具均可采用阳光照射进行消毒。工作人员或外来参观人员进出生产区时通常采用紫外灯光消毒。紫外灯光消毒时注意每10~15米²安装一个30瓦灯管，灯管周围1.5~2米为消毒有效范围，在灯管下安装一小型吹风机，增强消毒效果。保持兔舍内环境干燥也是具有现实意义的消毒方式，许多病原体在干燥环境中可自行死亡，减少多种疾病的诱发因素，从而可达到安全生产的目的。

在太阳下晾晒产仔箱

在太阳下晾晒食槽

图7-1　阳光照射消毒

紫外线消毒

踩踏消毒

图7-2　紫外线消毒　　　　图7-3　火焰消毒

　　火焰消毒：肉兔是小型皮毛动物，在养殖生产中，会产生许多兔毛附着于笼门、背网以及兔舍内。火焰消毒（图7-3）也是常用的一种消毒方式。一般每出栏一批商品兔采用火焰喷枪对兔舍的场地、笼门、背网等有兔毛附着的地方进行消毒，这一消毒方式是采用化学消毒剂进行彻底消毒的基础。火焰消毒时要注意兔舍物品以及周围环境的安全。

　　3.化学消毒

　　在肉兔生产兽医防疫卫生体系建设中，采用化学消毒药消毒是彻底消灭病原微生物的最有效的消毒方法。无论在预防性消毒、随时消毒和终末消毒中都要采用化学消毒才能达到理想效果。化学消毒时要考虑许多因素来决定采用哪一种化学消毒剂，如消毒剂的消毒能力、刺激性、对人和兔的毒性、病原体的抵抗力和特点、兔舍或兔舍的构造等。

4. 生物热消毒

生物热消毒用于粪便、垫草等的无害化处理，主要通过粪便的堆沤过程中，粪便和环境中的微生物发酵产热，一般兔粪便堆积发酵后的温度可达60℃以上，可杀死病毒、一般性细菌、球虫卵囊等。同时又保持了其良好的肥效，用于种植业生产。

5. 消毒程序

肉兔生产中正确的消毒程序为：机械性消毒（清扫干净兔舍内的粪污等）→火焰消毒（使兔舍内无兔毛附着）→冲洗（高压水枪）→干燥→化学消毒（喷洒消毒液）→24小时后冲洗→干燥→喷洒消毒液→干燥→备用。可密闭的兔舍，可用福尔马林或过氧乙酸熏蒸消毒12~24小时或用超声波雾化器消毒。发生过疫情的空舍可再重复2~3次消毒。

二、肉兔场杀虫制度

昆虫类节肢动物（如蚊、蝇等）是肉兔许多疫病的传播媒介，同时这些虫类的叮咬还会影响生产性能。因此做好杀虫制度对肉兔安全生产具有重要意义。常用的杀虫方法如下。

1. 物理杀虫法

利用高温（通常采用火焰）杀灭兔舍墙壁、用具、粪污堆积区等聚居的昆虫或虫卵。还可在兔舍内安装杀虫灯进行灯光杀虫。

2. 生物杀虫法

生物杀虫通常采用以兔场常见昆虫的天敌进行杀虫或使用激素来影响昆虫的生殖，或利用病原微生物感染昆虫使其死亡。目前，在肉兔生产中，一般在昆虫繁殖季节采用排除兔场中生活、生产污水，及时清理粪便垃圾等改造养殖生产环境的方式来进行杀虫。

3. 药物杀虫法

用于兔场杀虫的药物很多，如有机磷和菊酯类杀虫剂、昆虫生长调节剂、驱避剂等。有机磷杀虫剂虽杀虫效果好，但易造成肉兔中毒，通常选用广谱、高效、对肉兔无毒或毒性小的菊酯类杀虫剂、昆虫生长调节剂通过喷洒环境来杀灭昆虫。

肉兔安全生产中，单依靠一种杀虫方法是难以达到有效杀虫效果，通常都将物理杀虫、生物杀虫和药物杀虫相结合使用。

三、肉兔安全生产灭鼠制度

肉兔场的灭鼠工作应从两个方面进行。

首先，根据鼠类的生物性特点进行防鼠、灭鼠，从兔舍建筑和卫生措施方面着手，预防鼠类的滋生和活动。具体做法保持兔舍及周边环境干净，每天清除兔舍饲料残渣，贮存饲料地方应密闭、坚固、无洞，使老鼠无食物来源，可大大减少老鼠的数量。

其次，利用不同方式进行灭鼠，主要采用老鼠夹等进行灭鼠。也可采用药物进行灭鼠，如氟乙酸钠、磷化锌等，药物灭鼠时要防止兔群误食而引起中毒。

四、隔离措施

（一）肉兔场生物安全隔离措施

就是将肉兔场（舍）置于一个相对安全的环境中。

1.场址选择原则

应远离其他兔场、交通要道和居民居住区，地势高燥，便于排水，水源充足。特别要远离屠宰场、肉类加工厂、皮毛加工厂、活畜交易市场等污染可能性大的地方。

2.建立隔离带

兔场应建围墙，有条件的在场周围要设防疫沟和防疫隔离带，兔舍间相隔一定距离；在兔舍与兔舍之间，道路两旁种植植物，可以建立起植物安全屏障，对阻断病原微生物、净化空气和防暑降温都有一定作用。

3.合理布局

生产、管理和生活区应严格分开，在管理区和生产区之间要设置消毒通道。运送饲料道路与粪尿污物运送道要分开。饲料加工间应建在全场上风头，粪尿池、堆粪处和毁尸坑要建在生产区外，处于下风地。粪尿沟尽量走向舍外，粪尿集中处理。

（二）引种隔离

对新引进兔群要进行隔离观察至少2周以上，隔离期间应每天观察兔精神、食欲等，发现有病的兔应立即从兔群中挑出、隔离。经2周以上隔离观察的健康兔进行必要免疫后，方可进入生产区。隔离场的工作人员仅在隔离场工作，不能进入正常生产区与其他兔接触。

（三）病兔的隔离

隔离病兔是防治传染病发生后继续扩散的重要措施之一。隔离病兔主要起到控制传染源，缩小疫情发生范围。发现病兔后，若数量较少，将病兔转入隔离舍，且专人饲养，同时对所排出的粪污、用具以及可能接触过的物品进行彻底消毒，同时由专业兽医人员制定科学的防治措施。如果病兔数量多，就将病兔集中隔离在原来的兔舍内，进行严格的消毒，专人饲养和治疗。

五、免疫程序

预防免疫是防治家兔传染病的重要措施。目前，在家兔疫病方面进行免疫的主要有兔病毒性出血症、兔多杀性巴氏杆菌病和兔产气荚膜梭菌（A型）病。家兔常用疫苗使用见表7-1。兔场应根据当地和本场免疫病流行情况选用不同种类疫苗进行免疫接种。本书推荐了商品肉兔、种兔的参考免疫程序（表7-2、表7-3），供新学养兔者（户）参考使用。

表7-1　家兔常用疫苗

疫苗种类	预防疾病名称	使用方法
兔病毒性出血症灭活疫苗	兔病毒性出血症（兔瘟）	皮下注射
兔多杀性巴氏杆菌灭活疫苗	兔多杀性巴氏杆菌病	皮下注射
兔病毒性出血症 – 多杀性巴氏杆菌灭活二联疫苗	兔病毒性出血症、兔多杀性巴氏杆菌病	皮下注射
兔产气荚膜梭菌（魏氏梭菌）A型灭活疫苗	兔产气荚膜梭菌（A型）病	皮下注射
兔病毒性出血症 – 巴氏杆菌 – 兔产气荚膜梭菌（A型）三联灭活疫苗	兔病毒性出血症、兔多杀性巴氏杆菌病和兔产气荚膜梭菌（A型）病	皮下注射

表7-2　商品肉兔免疫程序

免疫日龄	疫苗名称	剂量	注射途径
40~45日龄	兔病毒性出血症、多杀性巴氏杆菌病二联灭活疫苗	1~2毫升	皮下注射
45~55日龄	家兔产气荚膜梭菌病（魏氏梭菌病）A型灭活疫苗	2毫升	皮下注射

表7-3　种兔免疫程序

免疫日龄	疫苗名称	剂量	注射途径
30~35日龄	兔多杀性巴氏杆菌病灭活疫苗	1毫升	皮下注射
40~45日龄	兔病毒性出血症灭活疫苗	2毫升	皮下注射
50~55日龄	家兔产气荚膜梭菌病（魏氏梭菌病）A型灭活疫苗	2毫升	皮下注射
60~70日龄	兔病毒性出血症、多杀性巴氏杆菌病二联灭活疫苗	2毫升	皮下注射

此后，每间隔4个月加强免疫一次兔多杀性巴氏杆菌病灭活疫苗；每5~6个月加强免疫一次兔病毒性出血症灭活疫苗和家兔产气荚膜梭菌病（魏氏梭菌病）A型灭活疫苗

第二节　肉兔疾病的诊疗技术

一、兔病诊断技术

兔病诊断通常包括临床诊断、流行病学诊断、病理学诊断和实验室诊断 4 种方法。

（一）临床诊断

临床诊断是兔病诊断过程中最常用、也是首先采用的诊断方法。检查者亲临现场，利用视觉、嗅觉、听觉、触觉等感观，并借助一些简单的诊疗器具（体温表、听诊器等）直接检查病兔，对兔病做出初步诊断，尤其是对一些具有特征性症状表现的典型病例，临床诊断的确诊程度比较高。

（二）流行病学诊断

流行病学诊断是诊断家兔传染病和寄生虫病的重要环节，是检查者通过问诊、座谈、查阅病历、现场观察和临床检查等方式取得第一手资料而做出诊断。

（三）病理学诊断

病理诊断是兔病诊断的一个重要环节，是在通过临床诊断尚不能确诊时，解剖病兔或尸体，观察内脏器官和组织病变，确定疾病所在的部位、性质，再根据剖检特点，结合临床症状、流行病学特点，明确诊断疾病。病例诊断也可看做是为兔病诊断提供依据。剖检最好在专门的剖检室（或兽医室），以便于消毒和清洗。如现场剖检，应选择远离兔舍和水源的场所。

（四）实验室诊断

实验室诊断就是在实验室，利用各种仪器设备，检查或检测来自病兔的病料，对疾病做出比较客观和准确的判断。对于通过临床症状和剖检也难以确诊的疾病，需要进一步做实验室诊断。实验室检查的内容很多，对普通病一般只做常规检查和检测；对于某些传染病和寄生虫病，则应做病原检查；怀疑是中毒性疾病时，可进行毒物检测。

（五）综合确诊

综合确诊就是根据流行病学调查、临床检查、病理剖检、实验室检测等资料和情况，进行综合分析后最终做出明确的诊断结果。再根据诊断结果，选择相应的治疗药物和方法，以达到治愈疾病的目的，同时需要针对本次发病情况制定方案，做好今后的兔病预防工作。

总之，兔病诊断是比较复杂的过程，除了解基本的诊断方法、掌握诊断技巧外，更重要的是要具有丰富的兽医、畜牧知识和实践经验，同时具备在众多信息中敏锐找出主要矛盾的能力。在兔病实际诊断时，要善于抓住特征性的临床表现、流行特点或病理变化等，才能迅速做出较为准确的诊断。

二、兔病的治疗方法

对兔进行疾病治疗时，一般要经过捕捉、搬运、保定及给药等几个过程，正确掌握操作方法，不仅对兔病治疗十分重要，而且可以避免因为操作不当给兔带来伤害。

（一）家兔的捕捉与保定

家兔虽然是小动物，性情温和，但它胆小怕惊，行动敏捷，加之被毛光滑，在捕捉、搬运和保定时会挣扎，如果方法不当，不仅会对兔造成不必要的损伤，且还会被兔抓伤或咬伤。

1. 家兔的捕捉方法

家兔的疾病诊断与治疗以及母兔的发情鉴定、授精与妊娠检查等，均需要捕捉家兔，熟练掌握家兔的捕捉方法十分重要。详见本书有关章节。

2. 家兔的徒手搬运

以一手大把抓住两耳和颈肩部皮肤，虎口方向与兔头方向一致，将兔头置于另一手臂与身体之间，上臂与前臂成90°角夹住兔体，手置于兔的股后部，以支持兔的体重（图7-4）。搬运中应遮住兔眼，以减少兔的不适感。

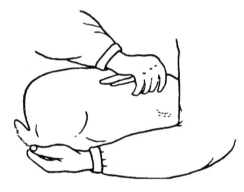

图7-4　家兔徒手搬运方法

3. 家兔的保定

家兔的保定方法分为徒手保定、器械保定和化学保定3种。

（1）徒手保定　是指只用手来保定家兔。方法有二：其一是一手将两耳连同颈肩部皮肤大把抓起，另一手托起或抓住臀部皮肤和尾部并使腹部向上或朝前即可（图7-5），这种保定方法适用于眼、腹部、乳房、四肢等疾病的诊治及口、鼻采样等操作；其二是保定者抓住兔两耳及其与后颈部相连处的颈皮，将其放在检查台或桌子上，两手抱住兔头，拇指和食指固定住兔头，其余三指按住兔的前肢，即可达到保定的目的（图7-6），这种保定方法适用于静脉注射、采血等操作。

图7-5　家兔徒手保定方法一　　　　图7-6　家兔徒手保定方法二

（2）器械保定　是指借助器械或工具等保定家兔。

包布保定：用边长1米的正方形或正三角形包布，其中一角缝上两根30~40厘米长的带子，把包布展开，将兔置于包布中心，把包布折起，包裹兔体，露出兔耳及头部，最后用袋子围绕兔体并打结固定。适用于耳静脉注射、经口给药或胃管灌药。

手术台保定：将兔四肢分开，仰卧于手术台上，分别固定头和四肢（图7-7）。目前市面上销售有定型小型动物手术台，适于兔的阉割、乳房疾病治疗及腹部手术等。

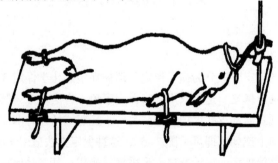

图7-7　家兔的手术台保定方法

保定桶、保定盒及保定箱保定：保定桶分桶身和前套两个部分，将兔从桶身后部塞入，当兔头在桶身前部缺口处露出时，迅速抓住两耳，随即将前套推进桶身，两者合拢卡住兔颈（图7-8）；保定盒保定是把保定盒的后盖打开后，将兔头向内放入，待兔头从前端内套中伸出后，调节内套使之正好卡住兔头，使之不能缩

图7-8　保定桶保定方法

回桶内即可，装好以后盖住后盖；保定箱分箱体和箱盖两部分，箱盖上挖有一个半圆形缺口，将兔放入箱内，拉出兔头，盖上箱盖，使兔头卡在箱外，保定盒结构与规格见图7-9。适用于头部疾病诊疗、耳静脉注射、内服灌药等操作。

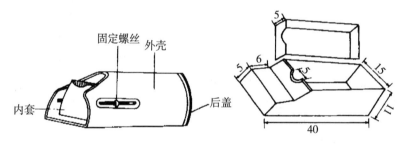

图7-9　保定桶结构与规格（单位：厘米）

（3）化学保定法　是指应用静松灵、戊巴比妥钠等镇静剂和肌肉松弛剂，使家兔安静、无力挣扎而达到保定的目的。化学药物的使用剂量一定严格按说明使用。

（二）家兔的给药技术

家兔给药途径和方法的不同，直接影响药物作用和疗效快慢，也有可能改变药物的基本作用。不同疾病、病情程度及药物性质不同，都需要不同的给药途径和给药方法。

第七章　兔病防治基础知识

1. 口服给药

优点是：操作简单，使用方便，适用于多种药物，尤其是治疗消化道疾病；缺点是：药物易受胃、肠内环境的影响，药量难以掌握，药效慢，吸收不完全，有些药还会对家兔胃肠道有刺激作用，容易造成家兔的不适。口服给药的方法有自行采食、投服、灌服、胃管投服4种方法。其中，自行采食法适用于毒性小、适口性好、无不良异味的药物，主要用于患病较轻、尚有食欲的患病兔群。按要求的添加比例将药物均匀地混合于饲料或饮水中（混水药必须易溶于水），让兔自由采食或自由饮水。多用于整个兔群的预防性和治疗性给药及驱虫药的投药；投服法适用于患兔食欲废绝及使用药物剂量小、有异味的片、丸剂药物；灌服法适用于患兔食欲废绝及药量小、有异味的药物及液体性药剂；胃管投药适用于患兔食欲废绝及使用异味、毒性大药物。

2. 直肠给药

通常称之为灌肠。当发生便秘、毛球病等，内服给药效果不好时，采用直肠内灌注法。首先将药液加热至接近体温，然后将患兔侧卧保定，后躯高，用涂有润滑油的橡胶管或塑料管，经肛门插入直肠8~10厘米深，用注射器注入药液，捏住肛门，停留5~10分钟后放开，让其自由排便。

3. 注射给药

注射给药吸收快、起效快、药量准、安全、节省药物，但需要掌握操作技巧、把握药品质量及搞好消毒。常用的注射给药方法因注射部位不同分为皮下注射、皮内注射、肌内注射、静脉注射、腹腔内注射、气管内注射等。

其中，皮下注射主要用于疫苗和无刺激性药物的注射，一般选择颈部，局部剪毛，用70%酒精棉球或2%碘酒（碘酊）棉球消毒，左手拇指、食指和中指捏起皮肤呈三角形，右手如执笔状持注射器斜向刺入，缓缓注入药液；皮内注射多用于过敏试验及诊断等，通常在腰部和欣部，局部剪毛消毒后，将皮肤展平，针头与皮肤呈30°角刺入真皮，缓慢注射药液；肌内注射多种药物的注射，但强刺激剂

（如氯化钙等）不能肌内注射，通常选在臀肌和大腿内、外侧肌肉丰满的地方，局部剪毛消毒后，针头垂直于皮肤迅速刺入一定深度，回抽无回血后，缓缓注入药液；静脉注射多用于刺激性强、不宜做皮下或肌内注射的药物，也多用于补液，多取耳外缘静脉进行；腹腔内注射多在静脉注射困难或患兔心力衰竭时需要补液时选用，一般选在脐后部腹底壁，偏腹中线左侧3厘米处，剪毛消毒后，抬高兔后躯，对着脊柱方向、针头呈60°刺入腹腔，回抽注射器不见气体、液体、血液及肠内容物后注药；气管内注射适用于治疗气管、肺部疾病及肺部驱虫等，在颈上1/3下界正中线上，剪毛消毒后，垂直刺针，刺入气管后阻力消失，回抽有气体，慢慢注药。

4.外用给药

主要用于家兔组织或器官外伤、患疾的处理以及体表消毒和体表寄生虫的杀灭。外用药主要有点眼、洗涤、涂擦、浇泼4种方法。

其中，点眼用于家兔患眼疾需要治疗或进行眼球检查；洗涤用于清洗眼结膜、鼻以及口腔等部位的黏膜、污染物或感染创的创面等；涂擦用于局部感染和疥癣等的治疗；浇泼主要用于杀灭体表寄生虫。外用给药应防止经体表吸收引起中毒。尤其大面积用药时，应特别注意药物的毒性、湿度、用量、浓度和作用时间，必要时可分片分次用药。

（三）用药剂量

家兔用药剂量可参考人用剂量再按体重计算来确定。家兔体重约为成人体重的1/20，其理论用药量也应是人用药量的1/20，但家兔是草食动物，实际口服药物的剂量应适当大一些，一般按成年人口服药量为1/6~1/3。同一药物因给药方法不同，药物被吸收的速度也不同，因此给药剂量也要有所不同，不同给药方法的用药量可以按"口服：灌肠：皮下注射：肌内注射：静脉注射=1:1.5:（1/3~1/2）：（1/4~1/3）：1/4"大致比例给药。

三、无公害肉兔饲养兽药使用准则

（一）允许使用疫苗预防肉兔疾病，所用疫苗应符合《中华人民共和国兽用生物制品质量标准》的规定。

（二）允许使用消毒防腐剂对饲养环境、兔舍和器具进行消毒，应符合 NY5133 的规定。

（三）允许使用符合《中华人民共和国兽药典》二部和《中华人民共和国兽药规范》二部中收载的适用于肉兔疾病预防与治疗的中药材和中药成方制剂。

（四）允许使用符合《中华人民共和国兽药典》、《中华人民共和国兽药规范》、《兽药质量标准》和《进口兽药质量标准》规定的钙、磷、硒、钾等补充药，酸碱平衡药，体液补充药，电解质补充药，营养药，血容量补充药，抗贫血药，维生素类药，吸附药，泻药，润滑剂，酸化剂，局部止血药，收敛药和助消化药。

（五）允许使用国家畜牧兽医行政管理部门批准的微生态制剂。

（六）允许使用表 7-4 中所列药物，但应严格遵守规定的作用与用途、用法用量，并应严格遵守规定的休药时间。

表7-4　肉兔饲养允许使用的抗菌药、抗寄生虫药及使用规定

药品名称	作用与用途	用法与用量（用量以有效成分计）	休药期／天
注射用氨苄西林钠	抗生素类药，用于治疗青霉素敏感的革兰氏阳性菌和革兰氏阴性菌感染	皮下注射，25毫克/千克体重，2次/天	不少于14
注射用盐酸土霉素	抗生素类药，用于革兰氏阳性、阴性细菌和支原体感染	肌内注射，15毫克/千克体重，2次/天	不少于14
注射用硫酸链霉素	抗生素类药，用于革兰氏阴性菌和结核杆菌感染	肌内注射，50毫克/千克体重，1次/天	不少于14

药品名称	作用与用途	用法与用量（用量以有效成分计）	休药期/天
硫酸庆大霉素注射液	抗生素类药，用于革兰氏阴性和阳性细菌感染	肌内注射，4毫克/千克体重，1次/天	不少于14
硫酸新霉素可溶性粉	抗生素类药，用于革兰氏阴性菌所致的胃肠道感染	饮水，200~800毫克/升	不少于14
注射用硫酸卡那霉素	抗生素类药，用于败血症和泌尿道、呼吸道感染	肌内注射，一次量，15毫克/千克体重，2次/天	不少于14
恩诺沙星注射液	抗菌药，用于防治兔的细菌性疾病	肌内注射，一次量，2.5毫克/千克体重，1~2次/天，连用2~3天	不少于14
替米考星注射液	抗菌药，用于兔呼吸道疾病	皮下注射，一次量，10毫克/千克体重	不少于14
黄霉素预混剂	抗生素类药，用于促进兔生长	混饲，2~4克/1000千克饲料	0
盐酸氯苯胍片	抗寄生虫药，用于预防兔球虫病	内服，一次量，10~15毫克/千克体重	7
盐酸氯苯胍预混剂	抗寄生虫药，用于预防兔球虫病	混饲，100~250克/1000千克饲料	7
拉沙洛西钠预混剂	抗寄生虫药，用于预防兔球虫病	混饲，113克/1000千克饲料	不少于14
伊维菌素注射液	抗生素类药，对线虫、昆虫和螨均有驱杀作用，用于治疗兔胃肠道各种寄生虫病和兔螨病	皮下注射，200~400微克/千克体重	28
地克珠利预混剂	抗寄生虫药，用于预防兔球虫病	混饲，2~5毫克/1000千克饲料	不少于14

（七）建立并妥善保存肉兔的免疫程序、患病和治疗记录，包括患病肉兔的畜号或其他标志、发病时间及症状、所用疫苗的品种、剂

第七章 兔病防治基础知识

量和生产厂家，治疗用药的名称（商品名及有效成分）、治疗经过、治疗时间、疗程及停药时间等。

（八）禁止使用未经国家畜牧兽医行政管理兽医行政管理部门批准的兽药或已经淘汰的兽药。

（九）禁止使用《食品动物禁用的兽药及其他化合物清单》（见附录二）中的药物及其他化合物。

第三节　肉兔常见病及防治措施

一、常见病毒病的防控

（一）兔瘟

兔瘟是兔病毒性出血症的俗称，是由家兔病毒性出血症病毒引起的一种急性、高度接触性、高度致死性传染病。主要危害3月龄以上青年兔和成年兔，是危害世界养兔业的最主要传染病之一。病毒性出血症病毒能凝集任何血型人的红细胞（特别是O型红细胞）。

该病的自然感染只发生于家兔。3月龄以上的青壮年兔和成兔发病率大于70%，死亡率高达100%，3月龄以下的断奶幼兔发病率近年来呈增高趋势，哺乳仔兔一般不发病；性别间易感性无明显差异；四季均可发生，但春、秋两季更易流行；新疫区比老疫区病兔死亡率高。病兔、隐性感染兔和康复兔是主要的传染源，被病毒污染的饲料、饮水以及配种和人员等是重要的传播媒介，呼吸道、消化道、伤口和黏膜是主要传播途径。该病可经直接接触、交配、皮肤破伤以及消化道或呼吸道而感染。

该病分为最急性型、急性型和慢性型3类，其临床症状各不相同。

① 最急性型：多见于流行初期或非疫区感染的幼兔、青年兔和成年兔。健康兔感染病毒后10~20小时突然死亡，死前无明显临床

表现（有的正在吃食或衔着草而突然死亡）或仅表现为短暂的兴奋；死亡多出现于夜间，死亡后四肢僵直，头颈后仰，少数鼻孔流血，肛门松弛，周围被毛有少量淡黄色胶样物附着，粪球外也附着有胶样物。

② 急性型：兔患病后食欲减退或废绝、饮水增多，精神沉郁、不喜活动、皮毛光泽锐减、结膜潮红，体温升高至41℃以上，迅速消瘦，妊娠母兔发生流产和死胎。病程一般为12~48小时。临死前首先表现短时间兴奋、挣扎，在笼内狂奔，啃咬笼架，口腔内有血液流出；然后两前肢伏地，两后肢支起，全身颤抖，侧卧，四肢呈划船状运动，最后短时间抽搐或发出尖叫声而死亡。死亡后大部分头颈向后仰，四肢僵直；患兔由于死前用头、鼻、嘴部冲撞笼架，因此多数病例鼻部和嘴部皮肤碰伤；5%~10%的病兔鼻孔流出泡沫状血液，也有的耳内流出鲜血；肛门周围和粪球表面有淡黄色胶冻样附着物。

③ 慢性型：多发生于流行后期或老疫区。常见病兔体温升高至41℃左右，精神委顿，食欲减退或废绝1~2天，渴感增加，被毛粗乱无光泽，短时间内严重消瘦，但多数病例可耐过，康复后的家兔成为带毒者。

最急性型、急性型与慢性型病理变化有所不同。

① 最急性型和急性型：以全身器官瘀血、出血、水肿为特征，气管黏膜呈弥散性的鲜红色或暗红色的"红色指环"外观，气管腔内含有白色或淡红色带血的泡沫；肺脏瘀血、水肿、色红，有针帽大至绿豆大以至弥漫性的出血点或出血斑；胸腺胶样水肿，并有针头大至粟粒大的出血点；心外膜有出血斑点；胃内常积留多量食物，胃肠浆膜下血管扩张充血，小肠、盲肠、直肠浆膜出血，有些病例胃肠黏膜和浆膜上有出血点；肠系膜淋巴胶冻样水肿，切面有出血点；肝脏瘀血、肿大、质脆，色暗红或红黄，可见出血点和灰白色病灶；胆囊肿大，有的充满暗绿色浓稠胆汁，胆囊黏膜脱落；脾脏肿大，边缘钝圆，呈黑紫色，高度充血、出血，质地脆弱，切口外翻，胶样水肿；肾脏肿大，呈暗红色、紫红色或紫黑色，有的肾脏表面有针帽大小凹陷，被膜下可见出血点或灰白色斑点，质脆，切口外翻，切面多汁；

膀胱积尿，其内充满黄褐色尿液，有些病例尿液中混有絮状蛋白质凝块，黏膜增厚，有皱褶；母兔子宫壁出血。

②慢性型：病兔严重消瘦；肺部有数量不等的出血斑点；肝脏有不同程度肿胀，肝细胞素较明显，尤其在尾状叶或乳头凸起和胆囊部周围的肝组织有针头大至粟粒大的黄白色坏死灶；肠系膜淋巴结水肿，其他器官无显著的眼观病变。

目前，实际生产中兔瘟病理剖检多数仅见肺部、胸腺有出血斑点，肾脏瘀血或有点状出血，全身性病理特征表现的病例少见，可能与多年来针对性的免疫接种，降低了病毒对家兔的全身性危害有关。

防制：该病目前尚无有效的治疗药物，主要应采取预防措施，免疫接种是预防本病的最有效方法。要加强兔群饲养与管理工作，提高免疫力和抗病力；加强对环境的卫生与消毒管理，降低病原微生物的数量和毒力；严禁购入病兔，禁止从疫区购兔；严禁闲杂人进入生产区。

（二）兔传染性水疱性口炎

兔传染性水疱性口炎（俗称流涎病），是由水疱性口炎病毒引起的兔的急性传染病，其特征是口腔黏膜形成水疱性炎症并伴有大量流涎，发病率和死亡率较高。

病兔是该病的主要传染源，病毒随被污染的饲料或饮水，经口、唇、齿龈和口腔黏膜而侵入健康兔引起发病，吸血昆虫的叮咬也可传播本病；春、秋季节多发，饲养管理不当、饲喂发霉变质或带刺的饲料等引起黏膜损伤时更易感染。主要侵害1~3月龄的仔、幼兔，有同窝兔相继发病的特点。

该病的典型症状为门腔黏膜发生水疱性炎症，并伴随大量流涎。病初口腔黏膜潮红、充血，随后在嘴唇、舌和口腔其他部位黏膜出现粟粒大至扁豆大的水疱。水疱破后形成溃疡，同时有大量唾液沿口角流下，沾湿唇外、颌下、胸前和前肢被毛，使这些部位的绒毛黏成片，发生炎症和脱毛；病兔食欲下降或废绝，精神沉郁，消化不良，常发生腹泻，日渐消瘦，虚弱。仔兔、幼兔发病后2天左右死亡，死亡率在50%以上，青年兔、成年兔症状一般可维持5~10天，死亡率较低。

口腔黏膜、舌和唇黏膜有水疱、脓疱、糜烂和溃疡，唾液腺等口腔腺体发炎、肿大、发红，咽、喉头部聚集有多量泡沫样的唾液，唾液腺肿大发红。胃扩张，充满黏稠液体和稀薄食物，肠黏膜特别是小肠黏膜有卡他性炎症。尸体精瘦。

防制：目前该病尚无疫苗和特异疗法，可采取综合性防疫措施，控制继发感染和对症治疗。加强饲养管理，严禁使用过于粗糙的饲草饲喂幼兔；加强卫生防疫及消毒管理；防止引进病兔。兔群中发现流涎时，对可疑兔可内服抗菌药物连续数日进行预防。对发病兔要隔离治疗，局部先用防腐消毒药液冲洗口腔，然后涂擦或撒布消炎药剂，也可涂布明矾粉与少量白糖的混合剂。

（三）仔兔轮状病毒病

该病是由轮状病毒引起的仔兔的一种肠道传染病，以仔兔腹泻为特征。主要侵害2~6周龄仔、幼兔，尤以4~6周龄幼兔最易感，发病率及死亡率均较高，成年兔常呈隐性感染但无临床症状。病兔及带毒兔是传染源，潜伏期18~96小时。传播途径是消化道，健康兔食入被病兔或带毒兔排泄物污染的饲料、饮水或接触病兔乳汁而感染发病。新发病兔群常呈突然暴发，迅速传播；兔群一旦发病，将每年连续发生，不易根除。

常突然暴发，患兔昏睡、减食或绝食，排出稀薄或水样粪便。病兔的会阴部或后肢的被毛粘有粪便，体温正常，多数于下痢后4天左右因脱水衰竭而死亡，死亡率可达40%。青年兔、成年兔大多不表现症状，仅有少数表现短暂的食欲不振和排软便。剖检可见空肠和回肠部的绒毛呈多灶性融合和中度缩短或变钝，肠细胞变扁平，肠腺变深。某些肠段的固有层和肌下层水肿。

防制：该病尚无有效的疫苗和治疗药物，只能通过综合措施加以预防。加强饲养管理，给予仔兔充足的初乳和母乳；加强卫生防疫和消毒措施，严禁从有本病流行的兔场引进种兔；发生本病时，立即隔离，全面消毒，死兔及排泄物、污染物一律深埋或烧毁。

二、常见细菌病的防治

（一）魏氏梭菌病

兔魏氏梭菌病又称兔魏氏梭菌性肠炎，是由 A 型魏氏梭菌所产外毒素引起的一种死亡率极高的兔急性胃肠道疾病。以急剧腹泻，排黑色水样或带血胶冻样粪便，盲肠浆膜出血斑和胃黏膜出血、溃疡为主要特征。发病率与致死率较高。病原体为两端稍钝圆的革兰氏阳性大肠杆菌，存在于土壤和家兔的消化道内，能产生外毒素，引起高度致死性中毒症。

除哺乳仔兔外，不同年龄、品种、性别的家兔均易感，1~3 月龄幼兔发病率最高；四季均可发生，但以冬、春季常见；主要经消化道或伤口传染，病兔和带菌兔及其排泄物，以及含有本菌的土壤和水源为传染源；饲养管理不良及各种应激因素可诱发本病。

病兔精神沉郁，不吃食，排水样粪便，有特殊腥臭味，肛门周围及后腿部位有稀粪附着。体温不升高，在水泻的当天或次日即死亡，绝大多数为最急性。少数病例病程约 1 周或更久，最终死亡。

尸体外观无明显消瘦；剖开腹腔可闻到特殊腥臭味；胃底黏膜脱落，有出血斑点和溃疡；胃浆膜下可见大小不一的溃疡点和溃疡斑；小肠肠壁薄而透明，肠腔充满含有气泡的稀薄内容物，肠黏膜弥漫性出血；盲肠和结肠内充满气体和黑绿色稀薄内容物，有腐败气味，肠浆膜下有鲜红色纹状出血；大肠大面积出血；心脏表面血管怒张，呈树枝状充血；肝脏质地变脆；脾呈深褐色。

防治：接种兔魏氏梭菌灭活苗，是预防本病的最有效措施。加强饲养管理，消除诱发因素，少喂含有过高蛋白质的饲料和过多的谷物类饲料；严禁引进病兔，坚持各项兽医卫生防疫措施；发生疫情时，立即隔离或淘汰病兔；加强兔舍、兔笼及用具的消毒；病死兔及其分泌物、排泄物一律深埋或烧毁；注意灭鼠灭蝇。对患病兔，病初选用特异性高免血清每天按 2~3 毫升 / 千克体重皮下或肌内注射，连用 2~3 天，疗效显著。同时，注意配合对症治疗（如腹腔注射 5% 葡萄糖生理盐水，按 5~8 克 / 只内服食母生、按 1~2 克 / 只内服胃蛋白酶等），可提高疗效。

（二）巴氏杆菌病

兔巴氏杆菌病又称兔出血性败血症，是由多杀性巴氏杆菌引起的一种急性传染病。根据病原感染部位的不同，而有败血症、传染性鼻炎、地方流行性肺炎、中耳炎、结膜炎、子宫积脓、睾丸炎和脓肿等病症。

巴氏杆菌是条件致病菌，正常情况下有 30%~70% 健康家兔的鼻腔黏膜和扁桃体内带有这种病菌，也不表现临床症状。在多种应激因素作用下，机体抵抗力下降，或病菌大量繁殖、毒力增强时发病。潜伏期 1~6 天。一年四季均可发病，以春、秋季节多发，呈散发或地方性流行。本病经呼吸道、消化道或皮肤、黏膜伤口感染。发病率常在 60% 以上，如不及时采取有效措施，可造成全群覆灭。

临床上分为鼻炎型、肺炎型、败血症型、中耳炎型、结膜炎型及脓肿、子宫炎及睾丸炎型 6 种。

① 鼻炎型：特征是患兔鼻腔流鼻液，起初呈浆液性，以后逐渐变为黏液性以至脓性；患兔常打喷嚏、咳嗽，用前爪挠抓鼻孔，将病菌带入眼内、皮下，引起结膜炎和皮下脓肿等；时间较长时，鼻液变得更加浓稠，形成结痂，堵塞鼻孔，出现呼吸困难；鼻炎型的病程可达数月乃至 1 年以上；传染性强，对兔群的威胁较大，同时由于病情容易恶化，可诱发其他病型而引起死亡。

② 肺炎型：常由鼻炎型继发转化而来，最初表现厌食和沉郁，继而体温升高，呼吸困难，有时出现腹泻和关节炎；有的突然死亡，有的病程拖延 1~2 周。

③ 败血症型：可由其他病型继发，也可单独发生，与鼻炎、肺炎混合发生的败血症最为多见；患兔精神不振，食欲废绝，呼吸急促，体温升高至 41℃以上，鼻腔流出分泌物，有时伴有腹泻；死前

体温下降，四肢抽搐，病程短的 24 小时死亡，稍长的 3~5 天，最急性病例常见不到临床症状而突然倒地死亡。

④ 中耳炎型：又称歪头疯、斜颈病，是病菌由中耳扩散至内耳和脑部的结果；严重病例向着头倾斜的方向翻滚，直至被物体阻挡为止；患兔饮食困难，体重减轻，短期内较少死亡。

⑤ 结膜炎型：临床表现为流泪、结膜充血、眼睑肿胀和分泌物将上下眼睑粘住。

⑥ 其他病型：主要包括生殖器型和脓肿，其中脓肿可以发生在身体各处，皮下脓肿开始时，皮肤红肿、硬结，后来变为波动的脓肿；子宫发炎时，母体阴道有脓性分泌物；公兔睾丸炎可表现一侧或两侧睾丸肿大，有时触摸感到发热。

病程短的，剖检无肉眼可见的明显变化；病程长者，呼吸道黏膜充血、出血，并有较多血色泡沫；肺严重充血、出血、水肿；肝脏变性，有较多坏死灶；脾脏和淋巴结肿大出血，心内外膜有出血点；胸、腹腔内有淡黄色积液。有些病例肺有脓肿，胸腔、腹腔、肋膜及肺的表面有纤维素附着；肺炎型病变可波及肺的任何部位，眼观有实变（肝变）、肺气肿、脓肿和小的灰色结节性病灶，肺实质可见出血，胸膜表面覆盖纤维素膜。

防治：每年要做好免疫接种；坚持自繁自养；搞好饲养管理和卫生防疫，增强机体的抗病能力，消除应激因素；种兔定期检疫；引进种兔要进行严格的细菌学检查，并隔离观察饲养；兔场要与其他畜禽养殖场分开，严禁其他畜禽进出，以减少和杜绝传播机会；经常检查兔群，发现重病兔捕杀，对流鼻涕、咳嗽的病兔应及时隔离治疗，慢性病兔要及时淘汰；兔舍、兔笼、场地及用具加强消毒。对已患病兔有条件时可用高免血清每天按 4~6 毫升/千克体重皮下注射，连用3 天，治疗效果显著；也可用链霉素、庆大霉素治疗。慢性病例可用青霉素、链霉素滴鼻。

（三）大肠杆菌病

该病是由一定血清型致病性大肠杆菌及其毒素引起的一种暴发

性、死亡率很高的仔兔与幼兔的肠道传染病，以水样或胶冻样粪便和严重脱水为主要特征。

四季均可发生，主要侵害 20 日龄及断奶前后的仔兔和幼兔，成年兔较少发生；一般群养兔发病率高于笼养兔。大肠杆菌广泛分布在自然界，是兔肠道的常在菌，当饲养管理不良（如饲料品质和饲喂量突变、采食冰冻饲料和过多多汁饲料、断奶方式不当等）、气候环境突变或其他疾病（如沙门氏菌病、梭菌病、球虫病等）协同作用等应激因素存在时，导致肠道菌系紊乱，仔兔抵抗力降低，即引起发病；潜伏期 4~6 天。病兔体内排出的大肠杆菌，其毒力增强，污染了饲料、饮水、场地等，又经消化道感染健康兔，可引起流行，造成大批死亡。

最急性病例，不见任何症状即突然死亡；急性病例病程短，一般 1~2 日内死亡，很少能恢复；亚急性病例病程稍长，一般在 7~8 天死亡。多数病兔，体温正常或稍低，初期精神沉郁，食欲不振，被毛蓬乱，腹部膨胀，粪便细小、成串，拉两头尖的粪便，外包有透明、胶冻状黏液，随后出现水样腹泻，肛门、后肢、腹部和足部的被毛被黏液及黄色水样稀粪沾污，病兔四肢发冷，磨牙，流涎，眼眶下陷，迅速消瘦，最终衰竭死亡，死亡率极高。

剖检，胃膨大，充满多量液体和气体，胃黏膜上有出血点；十二指肠通常充满气体和染有胆汁的黏液；空肠、回肠、盲肠扩张，充满半透明胶冻样液体，并伴有气泡；结肠扩张，有透明胶冻样黏液。肠道黏膜和浆膜充血、出血、水肿；胆囊扩张，黏膜水肿；肝脏及心脏局部有小点坏死病灶。

防治：加强卫生管理，定期消毒；加强饲养管理，减少应激因素，特别是仔兔断乳前后，饲料不能突然改变，以免引起肠道菌群紊乱；常发本病的兔场，可用本场分离的大肠杆菌制成氢氧化铝甲醛菌苗进行预防注射，一般 20~30 日龄的仔兔每只肌内注射 1 毫升，对控制本病的发生有一定效果；对断奶前后的仔兔，口服长效土霉素等，一般连服 3~5 日有预防效果。对已患病兔每千克体重肌内注射庆大霉素 3 000 单位，2 次 / 天，连用 3~5 天；用恩诺沙星饮水，2 次 / 日，

連用 3~5 天；每只兔口服促菌生 2 毫升菌液（约 10 亿活菌），1 次 /
天，一般服 3 次；每只兔每次口服大蒜酊 2~3 毫升，2 次 / 天，连用
3~5 天。同时可在皮下或腹腔注射 5% 葡萄糖盐水，或口服生理盐水
和收敛药等，以防止脱水，促进治愈。

（四）波氏杆菌病

波氏杆菌病是由支气管败血波氏杆菌引起的家兔常见、多发、广
泛传播的一种慢性呼吸道传染病，以鼻炎、支气管肺炎和脓疱性肺炎
为特征。

多发于春、秋两季，兔舍通风不良时冬季也可能发生；传播途径
主要是呼吸道；各种应激因素（如气候骤变、感冒、寄生虫及强烈
刺激性气体的刺激等）的存在致使上呼吸道黏膜脆弱，易引起发病；
鼻炎型常呈地方性流行，支气管肺炎型多散发；仔兔、幼兔多呈急性
型，成年兔呈慢性型。

该病分为鼻炎型、支气管肺炎型和败血型 3 种。

① 鼻炎型：常见，多数病例鼻腔黏膜充血、流出多量浆液性或
黏液性分泌物（通常不呈脓性）；常与巴氏杆菌病等并发；病程短，
消除诱发因素后易康复。

② 支气管肺炎型：以鼻炎长期不愈为特征；鼻腔流出黏液性或
脓性鼻液，打喷嚏，呼吸困难，食欲不振，逐渐消瘦；幼兔出生后
15 天发病，病程短，常在发病后 12~24 小时内死亡；成年兔看不到
明显症状，病程可延续数月；成年母兔常在妊娠后期或分娩等代谢增
强时死亡；经数月不死的，宰后方能见到肺部有病变。

③ 败血型：较少见，是病原侵入血液生长、繁殖，造成败血，
急性者突然死亡。

死亡家兔剖检见鼻腔黏膜、支气管黏膜充血，并有多量浆液、黏
液或脓性液体；肺部有数量不等、大小不一（大如鸽蛋、小如芝麻）
的脓疱，多者可占肺体积的 90% 以上；有的病例肝脏表面有黄豆至
蚕豆大的脓疱，突出于肝表面；有的病例肾脏肿大，且有脓疱；有
的公兔睾丸上有脓疱；还可引起心包炎、胸膜炎、胸腔积脓和肌肉脓

肿。脓疱内积满黏稠、乳油样的乳白色或灰白色脓液。哺乳仔兔除肺部有脓疱外，还引起心包炎，心包内有黏稠、奶油样的白色脓液。

防治：按免疫程序做好预防接种工作；坚持自繁自养；新引进的种兔隔离观察1个月以上，并进行细菌学和血清学检查，阴性者方可混群饲养；加强饲养管理，保持兔舍适宜的温度和湿度，通风良好，避免异常气味的刺激，减少各种应激因素；加强卫生及消毒管理，减少灰尘，定期消毒；及时淘汰有鼻炎症状的兔，以防引起传染。对已患病兔应用卡那霉素、庆大霉素、链霉素治疗均有一定疗效。对无治疗效果的脓疱型病兔应及时淘汰。注意停药后的复发。

（五）葡萄球菌病

葡萄球菌病是由金黄色葡萄球菌引起的一种常见、多发兔病。本病以身体各部位发生化脓性炎症或致死性脓毒败血症为特征。

金黄色葡萄球菌广泛存在于空气、饲料、饮水及土壤、物体的表面，动物的皮肤、黏膜、肠道、扁桃体和乳房等处也有寄生；人和动物均易感，兔最敏感。经创口及天然孔道，或直接接触感染。通过飞沫经呼吸道感染，引起上呼吸道炎症和鼻炎；经体表伤口或毛囊侵入，引起皮肤感染；通过母兔乳头及乳房损伤感染，引起乳房炎；仔兔食入含病原的乳汁，可患黄尿病、败血症等。

该病的潜伏期2~5天。临床上常见的病症如下。

① 仔兔脓毒败血症：母兔患有此病，其仔兔出生2~3天后，皮肤上出现粟粒大的脓肿，多数病例在2~5天呈败血症死亡。少数病例的脓疱逐渐变干、消失而痊愈。

② 仔兔急性肠炎：仔兔吃了患乳房炎母兔的乳汁而引起急性肠炎，一般全窝发病，病兔肛门周围被毛污秽、腥臭，昏睡，体衰软弱，经2~3天死亡，死亡率高。

③ 脓肿：全身各器官、部位都能发生；病变部初期红肿、硬实，后形成脓肿，大小不等，数目不一；皮下脓肿经1~2个月自行破溃，流出脓汁，破溃口经久不愈；脓液通过抓伤和血流扩散到其他部位，当脓肿向内破溃时，可引起全身性感染，呈败血症，病兔很快死亡。

④ 乳房炎：常见于母兔分娩后最初几天，由乳头和乳房皮肤损伤而感染；急性乳房炎时，病兔体温升高，精神沉郁，不食，乳房肿胀，呈紫红色或蓝紫色；乳汁中混有脓液或血液；慢性乳房炎时，乳头或乳房实质局部形成大小不一的硬块，后变为脓肿。

⑤ 脚皮炎：常见于后肢区侧面皮肤；开始充血、肿胀、脱毛，继而形成经久不愈的溃疡；病兔行动困难，食欲减退，消瘦；有时转成全身性感染，呈败血症死亡。

⑥ 上呼吸道及鼻炎：引起鼻炎，病兔用爪搔抓鼻部，又可引起眼炎、结膜炎。

病兔不同部位皮下和内脏器官有数量不等、大小不一的脓疱。疱膜完整，内含浓稠的乳白色脓液，或破溃而流出脓汁。

防治：患病兔场，可用金黄色葡萄球菌培养液制成菌苗，对健康兔每只皮下注射 1 毫升，可预防本病。保持兔笼、产箱与运动场的清洁卫生，清除所有的锋利物品，如钉子、铁丝头、木屑尖刺等，以免引起家兔的创伤；笼养时不能拥挤，把喜欢咬斗的兔分开饲养；哺乳母兔笼内要用柔软、干燥、清洁的垫草，以免新生仔兔的皮肤擦伤；观察母兔的泌乳情况，适当调剂精料和多汁饲料的比例，防止母兔发生乳房炎；刚产出的仔兔用 3% 碘酒、5% 龙胆紫或 3% 结晶紫石炭酸溶液等涂擦脐带开口部，防止脐带感染；发现皮肤与黏膜有外伤时，应及时进行处理；患病兔场母兔在分娩前 3~5 天，饲料中添加土霉素粉，每千克体重 20~40 毫克，可预防本病。

对已患病兔可进行全身疗法：卡那霉素每日按 5~15 毫克 / 千克体重肌内注射，连用 4 日。局部脓肿与溃疡按常规外科处理，涂擦 5% 龙胆紫酒精溶液（3% 碘酒或 5% 石炭酸溶液）、青霉素和红霉素软膏等药物。

（六）兔链球菌病

兔链球菌病是由溶血性链球菌引起的一种急性败血症，主要危害幼兔。

溶血性链球菌在自然界中分布广，存在于兔的呼吸道、口腔和阴道中；病兔与带菌兔是主要传染源。病兔的分泌物和排泄物污染饲料、饮水、用具及周围环境，经健康兔的上呼吸道黏膜或扁桃体而传染；饲养管理、气候突变、长途运输等诸多应激因素作用导致机体抵抗力降低时，可诱发该病；四季均能发生，但以春、秋两季多见。

该病多为急性经过，患兔往往在 24 小时内不表现任何症状而死亡，有的头天下午和晚上还很精神、食欲正常，第二天早上就发现死亡，有的上午采食正常，下午便死亡。有症状的患兔表现为体温升高，食欲废绝，呼吸困难，间歇性下痢等，有的病例还出现神经症状。病情较轻的兔初期精神沉郁，食欲减退，少食或不食，体温升高，呼吸困难，间歇性下痢等。

剖检病死兔，可见皮下组织出血性浆液性浸润，实质脏器点状出血，肠黏膜弥漫性出血，肠内壁点状或斑状出血，脾肿大，肝、肾脂肪变性，脑膜充血、出血。

防治：加强饲养管理，防止受凉感冒，减少诱发应激因素；加强卫生消毒管理，兔舍、兔笼及场地用 3% 来苏儿液或 1/300 菌毒敌全面消毒。发现病兔立即隔离治疗，已患病兔可用青霉素每日按 5 万~10 万单位/次肌内注射，连续 3~4 天。如发生脓肿，需要切开排脓，用 2% 洗必泰溶液冲洗，涂碘酒，每日 1 次。

（七）兔沙门氏菌病

沙门氏菌病又称副伤寒，是由鼠伤寒沙门氏菌和肠炎沙门氏菌引起的一种消化道传染病。主要侵害幼兔和妊娠母兔，幼兔多因腹泻和败血症死亡，妊娠母兔主要表现为流产。

断奶幼兔和怀孕 25 日以后的母兔易发（发病率高达 57%，流产率 70%，致死率 44%），其他兔较少发病。其传染方式有两种：一种是健康兔食入被污染的饲料、饮水而感染发病；另一种是健康兔肠道内存有病原菌，在饲养管理不良、气候突变、卫生条件不好等多种应激因素作用或患有其他疾病，机体抵抗力下降，病原体趁机繁殖，毒力增强而引起发病。该病主要经消化道或内源性感染；幼兔也可经子宫内及脐带感染。潜伏期 3~5 天。

除少数患兔无明显症状死亡外，多数病例表现为腹泻，粪便稀烂并呈内含气泡的黏液状；体温升高，废食，渴欲增加，消瘦。母兔从阴道排出黏液或脓性分泌物，阴道潮红、水肿，常于流产后死亡；流产的胎儿多数已发育完全、皮下水肿，不流产的胎儿发育不完全或木乃伊，有的发生胎儿液化。患病母兔康复后不能再怀孕产仔。

急性败血型病例，多数内脏器官充血或出血，胸、腹腔积有多量的浆液或纤维素性渗出物；畸形腹泻型病例，肠黏膜充血、出血，肠道充满黏液或黏膜上有灰白色粟粒大小的坏死灶。流产病兔子宫肿大，浆膜充血，并有化脓性子宫炎，局部覆盖一层淡黄色纤维素性污秽物，子宫有的出血或溃疡；未流产的病兔阴道充血，腔内有脓性分泌物，肝脏有弥漫性或散在性淡黄色芝麻粒大的坏死灶，胆囊肿大，肝脾肿大呈暗红色。肾脏有散在性针头大的出血点，消化道水肿。

防治：疫苗接种；加强饲养管理，减少应激因素；严防怀孕母兔与传染源接触；加强卫生和消毒管理，搞好环境卫生，搞好兔舍、兔笼和用具等彻底消毒，消灭老鼠和苍蝇；定期应用鼠伤寒沙门氏菌诊断抗原普查兔群，隔离治疗阳性兔。兔群发生本病时，要迅速确诊，隔离治疗，无治疗效果的要严格淘汰，兔场进行全面消毒。对已患病兔在加强饲养管理的基础上，可选用药物治疗：链霉素，每只兔每日0.1~0.2克/次肌内注射，连用3~4日，或每日按0.1~0.5克/次内服，连用3~4日。大蒜充分捣烂，1份大蒜加5份清水，制成20%的大蒜汁，每日按5毫升/次内服，连用5日；车前草、鲜竹叶、马齿苋、鱼腥草各15克，煎水拌料喂服或以鲜草饲喂。

（八）肺炎球菌病

肺炎球菌病是由肺炎双球菌引起的一种呼吸道传染病，特征为体温升高，咳嗽，流鼻涕和突然死亡。

病兔、带菌兔及带菌的啮齿动物等是传染源，由被污染的饲料和饮水等经胃肠道或呼吸道传染，也可经胎盘传染。怀孕兔和成年兔多发，且常为散发，幼兔呈地方性流行。

病兔常呈感冒症状，表现为精神沉郁，食欲下降或废绝，咳嗽喘气，体温升高，眼红流泪，流黏液性或脓性鼻涕。幼兔患病常呈败血症变化而突然死亡。剖检见气管和支气管黏膜充血及出血，管腔内有粉红色黏液和纤维素性渗出物；肺部有大片的出血斑或水肿、脓肿，多数病例呈纤维素性胸膜炎和心包炎，心包与肺或与胸膜之间发生粘连；肝脏肿大，呈脂肪变性；脾脏肿大；子宫和阴道黏膜出血。

防治：加强卫生和消毒管理，坚持兽医卫生防疫制度，搞好清洁卫生，定期消毒，防止兔舍内温度忽高忽低；加强营养，喂兔的饲料要保证清洁、新鲜、多样化；严防带入传染源。发现病兔或可疑兔，立即隔离治疗。受威胁兔群可使用药物预防治疗：青霉素每日按 4 万 ~8 万国际单位 / 千克体重肌内注射，连用 3~5 天；卡那霉素、庆大霉素也有一定效果。金银花、连翘、竹叶各 8 克，豆豉、牛蒡子、荆芥、薄荷、桔梗、甘草各 6 克，水 200 毫升煎为 20% 浓度的药液，加入糖适量，每次 15~20 毫升 / 只灌服，3 次 / 日；或用金银花 30 克、板蓝根 20 克，煎汁每次按 15 毫升 / 只内服，3 次 / 日。

（九）毛癣病

毛癣病又称皮肤癣菌病，是由真菌毛癣霉与小孢霉感染家兔皮肤表面及其毛囊和毛干等附属结构所引起的一种传染性皮肤病。以家兔皮肤呈不规则的块状或圆形脱毛、断毛及皮肤炎症为主要特征。

该病主要经与病兔直接接触、相互抓、舔、吮乳和交配等传播，也可通过各种用具及人间间接传播。多散发，幼兔比成年兔易感。潮湿、多雨、污秽的环境条件，兔舍及兔笼卫生不好，可促使本病发生。人也可感染本病，因此也是一种人兽共患病。

病兔初期多在头部、口周围及耳朵，继则感染肢端和腹下等部位，患部以环形、突起、带灰色或黄色痂为特征，3 周左右痂皮脱落，呈现小的溃疡，造成毛根和毛囊的破坏。如并发金黄色葡萄球菌或链球菌感染，常引起毛囊脓肿。另外在皮肤上也可出现环形、被覆珍珠灰（闪光鳞屑）的秃毛斑，以及皮肤炎症等变化。

防治：坚持常年灭鼠和保持兔舍、兔笼及用具清洁卫生及定期消毒；经常检查兔体被毛及皮肤状态，发现病兔立即隔离、治疗或淘汰。病兔停止哺乳及配种，严防健康兔与病兔接触。病兔接触过的兔笼及用具等用福尔马林熏蒸消毒，污物及粪尿用生石灰消毒后深埋或烧毁。饲养管理人员要注意防感染，同时在饲料中添加 0.5% 的石膏粉，连喂 5~7 天，并增加青绿饲料喂量。患兔的患部剪毛后用软肥皂溶液洗拭软化并除去痂皮，然后涂擦 10% 水杨酸软膏、制霉菌素软膏，2 次 / 天。

三、常见寄生虫病的防治

（一）球虫病

球虫病是由艾美耳属的多种球虫引起的一种家兔常发而且危害严重的内寄生虫病，患球虫病的兔极易继发其他疾病。

兔球虫病是由寄生在胆管上皮和肠上皮细胞内的艾美耳属球虫所引起，病原虫属于单细胞原虫，目前已知的兔球虫有 17 种，包括兔艾美耳球虫、穿孔艾美耳球虫、大型艾美耳球虫、无惨艾美耳球虫等，除兔艾美耳球虫寄生在胆管上皮外，其余各种都寄生于肠上皮细胞，常为混合感染。在粪便中见到和随粪便排出的球虫叫卵囊，是球虫的一个发育阶段。

卵囊是具有两层轮廓的卵囊壁，随粪便新排到外界的卵囊，内含一团球形的原生质球。卵囊在合适的温度、湿度条件下，经过数天就完成其孢子化。兔吞食了这种孢子化的卵囊便被感染。子孢子在肠道内破卵囊而出，侵入胆管上皮或肠上皮进行无性的裂体增殖，产生大量的裂殖子，裂殖子由细胞内逸出侵入上皮细胞内重新进行裂体增殖，裂体增殖进行若干世代后就出现有性的配子生殖，形成大配子和小配子，二者合为合子。合子迅速包上一层被膜，随粪便排至体外，即为粪便中所见到的卵囊。

该病一年四季均可发生，南方 5~7 月、北方 7~9 月为高发期；饲养密度大、高温、高湿地区多发；各品种和年龄兔都易感，断奶至 4 月龄幼兔最易感，断奶后至 1 周龄感染最为严重，可造成大批死亡（80% 左右）；兔舍卫生条件恶劣易促使本病的发生和传播；成年兔表现隐性感染，也是重要的感染源；鼠类、昆虫以及饲养人员都可以是球虫卵囊的机械传播者。

临床表现分为混合型、肝型及肠型3型。

① 混合型：临床多见。主要表现为食欲骤减或拒食，精神沉郁；眼鼻分泌物多，唾液分泌增多；腹泻，或腹泻与便秘交替出现。病兔尿频常呈排尿姿势，病兔由于肠臌气、膀胱充满尿液和肝脏肿大而呈现腹围增大，肝区触诊疼痛；结膜苍白，有时黄染；后期兔往往出现神经症状，痉挛或麻痹，头后仰，四肢抽搐，尖叫死亡。死亡率一般50%~60%，有时高达80%。病十余日至数周，病愈后长期消瘦，生长发育不良。

② 肝型：幼兔主要表现肝肿大。触诊肝区疼痛，腹部膨胀，有腹水，被毛粗乱易折，眼球发紫，结膜黄染，后期有下痢。

③ 肠型：多为急性，突然死亡。主要表现为腹泻带血，后期下痢。

肠球虫病：十二指肠、空肠、回肠和盲肠的肠壁血管充血，黏膜充血并有出血点；慢性过程中，肠黏膜上有许多小的白色结节，内含卵囊，有时可见化脓性坏死灶。肝球虫病：肝表面及实质内有白色或淡黄色粟粒大至豌豆大的结节病灶，取结节压片镜检，可见到各个发育阶段的球虫。慢性球虫病时，胆管和小叶间部分结缔组织增生而引起肝细胞萎缩和肝脏体积缩小。

防治：场地要正确选址、科学布局；兔群笼养，料槽、水槽及草架尽量置于笼外；设有专门饲料存放间，并经常清扫与定期消毒；兔舍、笼具、用具定期消毒；粪尿排泄物堆积发酵；合理安排繁殖，避开梅雨季节产仔，断奶后母仔及时分开；定期对成年兔驱虫；严格检疫，不从疫区场家引进种兔或幼兔；购入兔隔离饲养，观察15~20天确认健康后方可入群；发现病兔隔离治疗，尸体内脏烧毁、深埋，排泄物堆积发酵无害化处理，健兔用药预防；加强饲养管理，供给全价饲料，更换草料应逐渐减增，场舍结合灭鼠杀虫的群众性工作，杜绝卵囊散布。

治疗可用氯苯胍，饲料中加0.015%拌匀，从开始采食到断奶后

45 天混饲，可有效预防。紧急治疗，按 0.03% 添加混饲 1 周后改为 0.015%，效果较好。也可用地克珠利预混剂，混饲，2~5 毫克／吨饲料。

兔球虫病重在预防；预防及治疗药物要经常更换或交替使用，以防产生耐药性；球虫病暴发后，常并发细菌感染，出现贫血、食欲减退等症状，治疗球虫病时应注意同时给予对症治疗，如应用抗生素治疗并发感染，必要时耳静脉注射葡萄糖等。

（二）兔螨病

兔螨病又叫疥癣病或兔疥癣，俗称生癞，是由螨虫寄生于兔体表导致的一种外寄生性皮肤病。本病的传染性强，以接触感染为主，具有高度的侵害性，轻者使兔消瘦，影响生产性能，重者常造成死亡。发病后不及时采取措施，会迅速遍及全群，造成严重损失，是目前危害养兔业的一种严重疾病。

侵害兔体的螨有痒螨科的兔痒螨和兔足螨、疥螨科的兔疥螨和兔背肛螨。其中以寄生于耳壳内的痒螨病最为常见，危害也较为严重，其次为寄生于足部的足螨病。

兔痒螨和疥螨的外形大小与结构有所不同，其中：兔痒螨，寄生于兔外耳道，黄白色或灰白色，长 0.5~0.8 毫米，眼观如针尖大。虫体呈椭圆形，前端有一长椭圆形刺吸式口器，腹面 4 对肢，前两对肢粗大，两对后肢细长，突出体缘，雄虫体后端有 1 对尾突，其前方有两个交合吸盘（图 7-10）；兔疥螨：寄生于兔体表，黄白色或灰

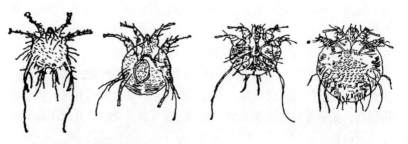

图 7-10　兔疥癣病病原——痒螨　　　图 7-11　兔疥癣病病原——疥螨

白色，长 0.2~0.5 毫米，眼观不易认出，虫体呈圆形，其前端有一圆形的咀嚼型口器，腹面 4 对肢呈圆锥形，后两对肢不突出体缘（图 7–11）。

痒螨和疥螨的发育过程相同，包括卵、幼虫、若虫、成虫 4 个阶段，整个发育过程都在动物体上完成。疥螨在宿主表皮挖凿隧道，以皮肤组织、细胞和淋巴液为食，并在隧道内发育和繁殖；痒螨则寄生于皮肤表面，以吸吮皮肤渗出液为食。完成整个发育过程，痒螨需 10~12 天，疥螨 8~22 天，平均 15 天。

病兔是主要传染源。病兔与健康兔直接接触可以传播该病。如密集饲养、配种均可传播。通过接触螨虫污染的笼舍、食具、产箱以及饲养人员的工作服、手套等也可间接传播。本病多发于秋冬季节，日光不足、阴雨潮湿，最适合螨虫的生长繁殖并促进本病的蔓延。

各种年龄的兔都可发病，但幼兔比成年兔患病严重，营养状态不良及机体抵抗力较弱的兔比营养状态好的兔发病严重。兔疥螨可以传染给人，人感染后的症状为皮肤上起红色小丘疹，剧痒，晚间加重。一般认为兔疥螨感染人有一定局限性，1~2 个月后可自愈，但有免疫缺陷或机体抵抗力较差的患者病程更长。

螨虫在外界的生存能力较强，在 11~20℃ 的条件下，可存活 10~14 天，在湿润的空气中，疥螨可存活 3 周，痒螨可生存 2 个月，在饲养管理及卫生条件较差的兔场，可常年发生螨病。

因感染螨虫种类不同，临床上可分为两种情况。

（1）痒螨病　主要发生于外耳道内，可引起外耳道炎，渗出物干燥成黄色痂皮，塞满耳道如纸卷样。病兔耳朵下垂，不断摇头和用脚搔耳朵，还可能延至筛骨及脑部，病兔表现歪头，最后出现抽搐而死亡。

（2）疥螨病　一般由嘴、鼻周围及脚爪部发病，奇痒，病兔不停用嘴啃咬脚部或用脚搔抓嘴、鼻等处，严重发痒时前后脚抓地。病变部出现灰白色结痂，使患部变硬，造成采食困难，食欲减退。脚爪上产生灰白色痂块，病变向鼻梁、眼圈、前脚底面和后脚蹠部蔓延，出现皮屑和血痂，嘴唇肿胀，多影响采食，病兔迅速消瘦，直至死亡。

防治：预防该病，要加强饲养管理和卫生消毒管理，搞好兔舍卫生，经常保持兔舍清洁、干燥、通风，饲养密度不要过大；处理病兔的同时，要注意彻底消毒（用杀螨剂）笼具、用具等或用火焰喷灯；经常仔细观察每只兔，发现病兔立即隔离治疗，种公兔停止配种，以免造成蔓延；在引进兔时，要隔离观察一段时间，严格检查，确认无螨病后再混群。实践证明，营养状态好的兔得螨病少或发病较轻，因此，要喂给全价饲料，特别是含维生素较多的青饲料，如胡萝卜等。建立无螨兔群，是预防本病的关键。

能治疗螨病的药物很多，有口服药、皮下注射药和外用药等多种。主要治疗药物有：伊维菌素或阿维菌素（虫克星），对所有线虫和外寄生虫（螨、虱、蚤、蜱、蝇蛆等）以及其他节肢动物均有较强的驱杀作用，按 0.02~0.04 毫克/千克体重皮下注射，7 天后再注射 1 次，一般病例 2 次可治愈，重症者隔 7 天再注射 1 次，或按说明书使用。

螨病具有高度的传染性，遗漏一个小的患部，散布少许病料，就有继续蔓延的可能。因此，无论采取哪种方法，治疗螨病时一定要认真仔细，掌握以下原则。

① 仔细检查。治疗前，全面详细检查兔群，检出所有病兔，一只不漏，并仔细找出所有患部，便于全面治疗。

② 彻底治疗。外用药时，为使药物和虫体充分接触，要将患部及其周围 3~4 厘米处的被毛剪去，用温肥皂水彻底刷洗，浸软痂皮、除掉硬痂和污物，最好用 20% 来苏儿液刷洗 1 次，擦干后涂药。

③ 重复用药。治疗螨病的药物，多数对螨卵无杀灭作用，因此，即使患部不大，疗效显著，也必须间隔 5~10 天，重复治疗 2~3 次，以便杀死新孵出的幼虫，直至治愈为止。

④ 用药消毒并举。用药只能作用于机体，而笼具等周边环境中存在大量的螨虫不杀灭时会很快再感染兔机体。因此，用药治疗的同时，加强对兔笼、用具及周边环境的消毒，可以大大提高防治效率。

⑤ 不宜药浴。家兔不适于药浴，不能将整只兔浸泡于药液中，仅可依次分部位进行治疗。

（三）兔虱病

兔虱病是由各种兔虱寄生于兔体表所引起的一种外寄生虫病，主要通过接触感染，慢性发病。

兔虱病的病原体为兔虱，是寄生在兔皮肤外表的一种寄生虫。导致舍饲家兔虱病的一般为兔嗜血虱，其成虫长 1.2~1.5 毫米（图 7-12），靠吸兔血维持生命，1 只成虫日可吸血 0.2~0.6 毫升。

图 7-12　兔虱病病原——大腹虱

成熟的雌虫排出带有胶黏物质的、圆筒形的卵，能附着于兔毛根部，经过 8~10 日童虫从卵中钻出，成为幼虫。幼虫在 2~3 周内，经 3 次蜕皮发育为性成熟的成虫。交配后的雌成虫 1~2 天开始产卵，可持续约 40 天。

该病主要通过接触传染。病兔和健康兔直接接触，或通过接触被污染的兔笼、用具均可染病。兔虱咬兔的皮肤时，分泌出一种有毒性的唾液，刺激兔皮肤的神经末梢，引起发痒。兔子常用嘴啃咬痒的部位或用前爪抓痒的部位，咬破或抓破皮肤，皮肤上有微小的出血点，溢出的血液干后形成结痂，因而易脱毛、脱皮、皮肤增厚和发生炎症等。拨开兔子患部的被毛，检查其皮肤表面和绒毛的下半部，可找到很小的黑色虱，在兔绒毛的基部可找到淡黄色的虱卵。严重时，会造成病兔食欲不振，消瘦，抵抗力减弱。

防治：防止患虱病的兔引入健康兔场；对兔群定期检查，发现病兔立即隔离治疗，做到早发现、早隔离、早治疗；保持兔舍干净、卫生、干燥、空气新鲜；笼舍每隔一定时间用 2% 的敌百虫溶液消毒 1 次，或将苦楝树叶放在笼内以驱除兔虱。

治疗可用中药百部根 1 份、水 7 份，煮沸 20 分钟，冷却到 30℃时用棉花蘸水，在兔体上涂擦；用 2% 的敌百虫溶液喷洒兔体，或用

20%氰戊菊酯 5 000~7 500 倍稀释液涂擦，疗效较好。

四、常见普通病的防治

（一）口炎

该病为口腔黏膜表层或深层的炎症。临床上以流涎及口腔黏膜潮红、肿胀、水疱、溃疡为特征。

机械性刺激是口炎发生的重要原因。如硬质和棘刺饲料，尖锐牙齿，异物（钉子、铁丝等）都能直接损伤口腔黏膜，继而引起炎症反应。其次是化学性因素，如采食霉败饲料，误食生石灰、氨水等，均可引起口炎。口炎还可继发于舌伤、咽炎等邻近器官的炎症。

若口炎由粗硬饲料损伤所致，则兔群里有许多只发病。病兔口腔黏膜发炎疼痛，食欲减退。有的家兔虽处于饥饿状态，主动奔向饲料放置处，但当咀嚼出现疼痛时，便立即退缩回去。患兔大量流涎，并常黏附在被毛上。口腔黏膜潮红、肿胀，甚至有损伤或溃疡。若为水疱性口炎，口腔黏膜可出现散在的细小水疱，水疱破溃后可发生糜烂和坏死，此时流出不洁净并有臭味的唾液，有时混有血液。

加强饲养管理，禁喂粗硬带刺的饲料，及时除去口腔异物，修整锐齿，尽量避免口腔黏膜的机械损伤；饲喂营养丰富、含有维生素并易消化的柔软饲料，以减少对口腔黏膜的刺激；避免化学因素的刺激。

根据炎症的变化，选用适当的药液洗涤口腔。炎症轻微时，用2%~3%食盐水或碳酸氢钠液；炎症重并有口臭时，用0.1%高锰酸钾液；唾液分泌较多时，用2%硼酸溶液或2%明矾溶液洗涤口腔，每日冲洗2~3次，洗后涂以2%龙胆紫溶液。洗涤口腔时，兔的头部要放低，便于洗涤的药液流出，否则容易误入气管而引起异物性肺炎。当病兔出现体温升高等全身症状时，应及时应用抗生素。如青霉素每千克体重1万单位，链霉素每千克体重2万单位，每8~12小时肌内注射1次。

（二）毛球病

又称毛团病，是家兔吞食自身的被毛或同伴的被毛，造成消化道阻塞的一种疾病。

家兔在以下情况下可能吞食被毛形成毛球团。日粮中缺乏钙、钠、铁等无机盐和 B 族维生素，以及某些氨基酸（如蛋氨酸和胱氨酸）不足，引起家兔味觉失常，而发生吞食被毛癖；饲料中精料成分比例过大、过细，起充填作用的粗纤维不足，家兔常出现饥饿感，因而乱啃被毛；兔笼窄小，家兔长期拥挤在一起，互相啃咬，久而久之，便形成吞食被毛的恶癖；不及时清理脱落后掉在饲料、垫草中的被毛，容易随同饲料一起吞下而发病；某些外寄生虫（蚤、毛虱、螨等）刺激发痒，家兔持续性啃咬，也有时拔掉被毛而吞入胃内。

防治：饲料配合时注意精粗搭配比例适当，蛋白质、矿物质元素和维生素含量丰富；适量加喂青饲料或优质干草，加速胃内食物的移动，能有效地减少毛球病的发生；保持兔笼宽敞、不拥挤；及时预防和治疗寄生虫病或皮肤病。对患兔，可内服植物油，如豆油或花生油 20~30 毫升，或蓖麻油 10~15 毫升，以润滑肠道，便于排出毛球。如植物油泻剂无效时，应果断地施以外科手术治疗。

（三）便秘

该病由肠内容物停滞、变干、变硬，致使排粪困难，甚至阻塞肠腔的一种腹痛性疾病。

诱发该病的原因可能是：环境突然改变，运动不足，打乱正常排便习惯而发病；精、粗饲料搭配不当，精饲料多，青饲料少，或长期饲喂干饲料，饮水不足，都可诱发便秘；饲料中混有泥沙、被毛等异物，致使形成大的粪块，而发生便秘；继发于排便带痛的疾病（肛窦炎、肛门脓肿、肛瘘等）、不能采取正常排便姿势的疾病（骨盆骨折、髋关节脱臼等）以及一些热性病、胃肠弛缓等全身性疾病的过程中。

防治：夏季要有足够的青饲料。冬季喂干粗饲料时，应保证充足、清洁的饮水。保持饲槽卫生，经常除去泥沙或被毛等污物。保持

家兔的适当运动。喂养要定时定量，防止饥饱不均，使消化道有规律的活动，可以减少本病的发生。对已患病兔应禁食1~2天，勤给饮水；轻轻按摩腹部，既有软化粪便的作用，又能刺激肠蠕动，加速粪便排出；用温水或2%碳酸氢钠水溶液灌肠，刺激排便欲，加速粪便排出；应用肠道润滑剂（如植物油、液状石蜡）灌肠，有助于排出停滞的粪便，由肛门注入开塞露液1~2毫升，效果很好；内服缓泻剂硫酸钠4~8克，植物油（花生油、豆油）10~20毫升，或液状石蜡20~30毫升；全身治疗应注意补液、强心；治愈后要加强护理，多喂多汁易消化饲料，食量要逐渐增加。

（四）腹泻

该病是指临床上具有腹泻症状的一类疾病，主要表现是粪便不成球，稀软，呈粥状或水样便。导致家兔腹泻的疾病很多，如患有以消化障碍为主的疾病（消化不良、胃肠炎等）；某些传染病（副伤寒、肠结核等）；寄生虫病（如球虫病等）；中毒性疾病（有机磷中毒等）。而传染病、寄生虫病及中毒性疾病，除腹泻外，还有各自的特有症状。在此，仅介绍引起腹泻的胃肠道疾病。该病各种年龄的家兔均可发生，但以断乳前后的幼兔发病率最高，治疗不当常引起死亡。

以消化障碍为主的胃肠道性腹泻的原因主要有：饲料不清洁，混有泥沙、污物等；饲料发霉、腐败变质；饲料内含水量过多，或吃了大量的冰冻饲料；饮水不卫生，或夏季不经常清洗饲槽，不及时清除残存饲料，以致酸败而致病；饲料更换突然，家兔不适应，特别是离乳的幼兔，由于消化机能尚未发育健全，适应能力和抗病能力较低，易发病；兔舍潮湿，温度低，家兔腹部着凉；口腔及牙齿疾病，也可引起消化障碍而发生腹泻。

防治：加强饲养管理，不喂霉败饲料，兔舍经常保持清洁、干燥、温度恒定，通风良好。饲槽定期刷洗、消毒，饮水要卫生，垫草勤更换。对刚离乳的幼兔一定做到定时定量饲喂，防止过食。变换饲料应逐渐进行，使家兔有个适应过程。对病兔的治疗原则如下。

对消化不良的治疗，消除病因，改善饲养管理，清理胃肠，恢复胃肠功能。轻症病例，随着调整饲料组成或更新变质饲料，症状可得到缓解。可采取药物治疗：取硫酸钠或人工盐 2~3 克，加水 40~50 毫升，1 次内服；或植物油 10~20 毫升，内服，清理胃肠；服用各种健胃剂（如大蒜酊、龙胆酊、陈皮酊 2~4 毫升，各酊剂可单独应用，也可配伍应用，配伍时剂量酌减）来调整胃肠功能。

对胃肠炎的治疗，要杀菌消炎，收敛止泻和维护全身机能。新霉素，每千克体重 4 000~8 000 单位，肌内注射，1 日 2~4 次，连用 3 天；收敛止泻，粪便的臭味不大，仍腹泻不止时方可使用；内服鞣酸蛋白 0.25 克，1 天 2 次，连服 1~2 天；维护全身机能：可静脉注射葡萄糖盐水、5% 葡萄糖液或林格氏液 30~50 毫升，20% 安钠咖液 1 毫升，1 天 1~2 次，连用 2~3 天。

（五）眼结膜炎

眼结膜炎是眼睑结膜、眼球结膜的炎症，是眼病中最多发的疾病。

引起眼结膜炎症的原因很多，主要有机械性原因（如异物落入眼内，眼睑内外翻、倒睫等眼部外伤和寄生虫的寄生等）；物理化学性原因（如烟雾、化学气体、化学消毒剂及分解变质眼药的刺激，强日光直射、紫外线的刺激以及高温作用等）细菌感染、并发于某些传染病和内科病（如传染性鼻炎、维生素 A 缺乏症等）和继发于邻近器官或组织的炎症等。

① 黏液性结膜炎：一般症状较轻，为结膜表层的炎症。初期，结膜轻度潮红、肿胀，分泌物为浆液性且量少，随着病程的发展，分泌物变为黏液性，量也增多，眼睑闭合。眼睑及两颊皮肤由于泪水及分泌物的长期刺激而发炎，绒毛脱落，有痒感。治疗不及时，会发展为化脓性结膜炎。

② 化脓性结膜炎：一般为细菌感染所致。上述症状加剧，肿胀明显，疼痛剧烈，睑裂变小，从眼内流出或在结膜囊内积聚多量黄白色脓性分泌物，久者脓汁浓稠，上、下眼睑充血肿胀，常粘在一起。炎症常侵害角膜，引起角膜混浊、溃疡，甚至穿孔而继发全眼球炎，

可造成家兔失明。

防治：保持兔舍清洁卫生，通风良好；使用具有强烈刺激作用的消毒液后，不要立即放入家兔；避免阳光直射；经常喂给富含维生素A的饲料，如胡萝卜、黄玉米、青草等。对已患病兔，轻者可热敷，并用2%硼酸溶液等无刺激的防腐、消毒、收敛药液冲洗患眼，再用抗生素眼药水滴眼；疼痛剧烈者，可用3%盐酸普鲁卡因滴眼。重症病兔，肌内注射抗生素，进行全身性治疗。由维生素A缺乏或巴氏杆菌病等继发者，应及时治疗原发性疾病。在采取上述措施的同时，配合中药治疗，效果较好。可用蒲公英32克，水煎，头煎内服，二煎洗眼。或用紫花地丁等清热解毒中草药，水煎内服，以利清热祛风，平肝明目。

（六）中耳炎

家兔鼓室及耳管的炎症称为中耳炎。

鼓膜穿孔，外耳道炎症，感冒、流感、传染性鼻炎或化脓性结膜炎等继发感染，均可引起中耳炎。感染的细菌一般为多杀性巴氏杆菌，可成为兔群巴氏杆菌病的传染来源。多发生于青年兔及成年兔，仔兔少见。

单侧中耳炎，病兔将头颈倾向患侧，使患耳朝下，有时出现回转、滚转运动，故又称"斜颈病"。两侧中耳炎，病兔低头伸颈。化脓时，体温升高，精神不振，食欲不好。脓汁潴留时，听觉迟钝。鼓室内壁充血变红，积有奶油状的白色脓性渗出物，若鼓膜破裂，脓性渗出物可流出外耳道。感染可扩散到脑，引起化脓性脑膜脑炎。本病的病程多呈慢性经过，可长达1年以上。

防治：预防措施主要是及时治疗兔的外耳道炎症、流感、鼻炎、结膜炎等疾病，建立无多杀性巴氏杆菌病的兔群。对已患病兔，局部可用消毒剂洗涤，排液，用棉球吸干，滴入抗生素，全身应用抗生素。对重症顽固难治的病兔，应予淘汰，以减少巴氏杆菌的传播机会。

（七）外伤

是各种外力作用导致家兔的外部伤害。笼舍的铁皮、铁钉、铁丝断头等锐利物的刺（划），兔之间咬斗及其他动物的啃咬、剪毛时的误伤等各种机械性的外力作用均可造成外伤。

新鲜创伤，可见出血、疼痛和创口裂开；如伤及四肢可发生跛行；咬伤可造成遍体鳞伤；重创者，可出现不同程度的全身症状。久之可变成化脓性创伤，患部疼痛、肿胀，局部增温，创口流脓或形成脓痂；有时会出现体温升高，精神沉郁，食欲减退。化脓性炎症消退后，创内出现肉芽，变为肉芽创。良好肉芽为红色、平整、颗粒均匀、较坚实，表面附有少量黏稠的灰白色脓性分泌物。

防治：消除笼舍内的尖锐物、减少饲养密度、同性别成年兔分开饲养、防止猫狗等进入兔舍、小心剪毛等可有效减少外伤。治疗轻度伤时，局部剪毛涂擦碘酒即可痊愈。对新鲜创伤分 3 步进行治疗。

① 止血：除用压迫、钳夹、结扎等方法外，可局部应用止血粉。必要时全身应用止血剂，如安络血、维生素 K_3、氯化钙等。

② 清创：先用消毒纱布盖住伤口，剪除周围被毛，用生理盐水或 0.1% 新洁尔灭液洗净创围，用 3% 碘酒消毒创围。除去纱布，仔细清除创内异物和脱落组织，反复用生理盐水洗涤创内，并用纱布吸干，撒布抗菌消炎药物。

③ 包扎或缝合：创缘整齐，创面清洁，外科处理较彻底时，可行密闭缝合；有感染危险时，行部分缝合。伤口小而深或污染严重时，及时注射破伤风抗毒素，并用抗生素进行全身治疗。对化脓创，清洁创围后，用 0.1% 高锰酸钾液、3% 双氧水或 0.1% 新洁尔灭液等冲洗创面，除去深部异物和坏死组织，排出脓汁，创内涂抹魏氏流膏、松碘流膏等。对肉芽创，清理创围，用生理盐水轻轻清洗创面后，涂抹刺激性小，能促进肉芽及上皮生长的药物，如大黄软膏、3% 龙胆紫等。肉芽赘生时，可切除或用硫酸铜腐蚀。

（八）脚垫及脚皮炎

是指兔四肢脚垫或脚部皮肤发生炎症，后肢最为常见，前肢发生较少。主要由于脚底在笼底或粗糙坚硬地面上所承受的压力过大，引起脚部皮肤及脚垫的压迫性坏死。幼兔和体型小的品种很少发生。兔过于神经质或发情时，经常踏脚，易生本病。笼底潮湿，粪尿浸渍，易引起溃疡性脚垫、脚皮炎。

患部覆有干性痂皮，或有大小不等的溃疡区。有时痂皮下、溃疡上皮及周围发生脓肿。病兔常弓背，使其重心前移，以致前肢继发本病，走动时高抬脚。严重者不吃食，体重下降，甚至引起败血症而死亡。

防治：用竹板制作笼底，并做到笼底平整，经常保持清洁、干燥，是预防本病发生的最有效措施。对发病兔可放一块休息板，以防再度损伤，加速愈合。局部病变按一般外科处理，除去干燥的痂皮、坏死溃疡组织，用0.1%高锰酸钾溶液等消毒液冲洗，之后涂氧化锌软膏、碘软膏或其他消炎并能促进上皮生长的膏剂。有脓肿时，应切开排脓，同时配合使用抗生素治疗。

（九）中毒病

中毒病因其在肉兔病中所占比例不算太大而经常被忽视，但由于中毒病一般具有群发的特点而会给兔场造成重大损失，尤其是严重的中毒病更是如此。因此，重视中毒病的预防对养殖者来说，尤其是规模化养殖场来说也是十分重要的。

1. 农药中毒

常用的农药主要是有机磷化合物（敌百虫、敌敌畏、乐果等），这些农药除被用于农作物防治虫害外，也常用于驱除畜禽体外寄生虫。家兔采食了刚喷洒过农药的植物、饲料（饲草）源被农药污染或治疗外寄生虫病时用药不当，均可引起中毒。为避免农药中毒，应注意：① 严把青饲料关，清楚青饲料的来源，不购进和饲喂已知刚喷洒过农药的饲料作物或青草，自己种植的饲草料刚喷洒过农药时不得马上刈割饲喂；② 严把饲料原料关，严禁使用被农药污染的饲料原料；③ 用于治疗外寄生虫病时，既要严格按规则使用以免造成家兔直接中毒，又要妥善保存以免污染饲料源引起家兔中毒。

2. 有毒植物中毒

一些植物（如藜、曼陀罗、乌头、毒芹、野姜、高粱苗等）含有对动物机体有害的毒素，动物食用后便会中毒。防止有毒植物中毒的措施有：① 了解本地区的毒草种类；② 提高识别毒草的能力；③ 明知道有毒或不认识或怀疑有毒的植物，一律禁喂。

3. 药物中毒

主要指在兔病预防和治疗过程中药物使用不当引起的中毒，一般容易造成中毒的药物包括驱虫药、磺胺类药、呋喃类药以及抗生素类药，常见的药物中毒有马杜拉霉素、氯苯胍、盐霉素、土霉素、痢特灵、喹乙醇等中毒。为预防药物中毒应注意：① 尽量避免选择预防剂量与治疗剂量相差不大的药物；② 严格按药物说明上的剂量、方法使用，不得随意加大剂量或延长用药时间；③ 通过饲料投药时必须保证搅拌均匀；④ 食品动物禁用的药物，一律不得使用。

4. 饲料中毒

有些饲料原料本身就含有对动物机体有害的有毒元素（如棉籽饼粕、菜籽饼粕等），而有些饲料原料或饲料产品在存放过程中发生变化而产生对动物有害的有毒物质（如马铃薯出芽、原料或饲料霉变、菜叶腐烂等），家兔采食后会造成中毒，常见的饲料中毒有霉饲料中毒（霉菌中毒）、棉籽饼中毒、烂菜叶中毒、马铃薯中毒等。防止饲料中毒的措施包括：① 严把饲料原料关，严禁收购和使用霉变饲料原料；② 妥善保存，防止饲料及原料霉变；③ 严禁饲喂霉变饲料及腐烂的菜叶及出芽、变绿或腐烂的马铃薯等；④ 配制饲料时添加脱霉防霉剂；⑤ 严格控制未经脱毒的各种有毒饼粕类在饲料中的使用比例。

5. 灭鼠药中毒

灭鼠药毒性通常都很大，家兔误食后可引起出血性胃肠炎或急性致死。为防止家兔灭鼠药中毒应注意：① 在兔舍放置毒饵时，要特别注意，千万不能让家兔触碰到而被误食；② 及时清除未被鼠类摄

取的鼠药，以免污染了饲料和饮水等；③ 饲料间内严禁布放灭鼠毒饵，以防混入饲料。

（十）乳房炎

是由多种原因导致的家兔乳腺组织的一种炎症性疾病。本病多发于产后 5~20 天的哺乳母兔，是危害繁殖母兔的一种常见病。

主要有 3 方面原因可以引起乳房炎。① 母兔产前、产后饲喂精料和青饲料过多，使母兔乳汁过多、过稠，加上仔兔少或仔兔弱小不能吸吮完乳房中乳汁，或母兔拒绝给仔兔哺乳，均可使乳汁在乳房内长时间过量蓄积而引起乳房炎。② 乳头口或乳房受到多种机械性损伤（仔兔啃咬、抓伤，兔笼或产仔箱进出口锐物刺、刮伤等），伤口引起链球菌、葡萄球菌、大肠杆菌、铜绿假单胞菌等病原微生物的侵入感染。③ 兔舍、兔笼及环境卫生条件差容易诱发本病发生。

患兔乳腺肿胀、发热、敏感，继则患部皮肤发红，以至变成蓝紫色，故俗称"蓝乳房病"。病兔行走困难，拒绝哺乳。局部可化脓形成脓肿，或感染扩散引起败血症，体温可达 40℃以上，精神不振，食欲减退等。

防治：保持清洁卫生；清除玻璃碴、木屑、铁丝挂刺等锐利物，尤其是笼箱出入口要平滑，以防乳房外伤；产前、产后适当调整精料和青饲料比例，防止乳汁过多或不足。发病后应立即隔离仔兔，仔兔由其他母兔代哺或人工喂养。对轻症乳房炎，可挤出乳汁，局部涂以消炎软膏，如 10% 鱼石脂软膏、10% 樟脑软膏、氧化锌软膏或碘软膏等。局部封闭疗法，如用 0.25%~1.0% 盐酸普鲁卡因注射液 5~10 毫升，加入少量青霉素，与腹壁平行刺入针头，注射于乳房基部。发生脓肿时，应及早纵切开，排出脓汁，然后用 3% 双氧水等冲洗，按化脓创治疗。深部脓肿，可用注射器先抽出脓汁，向脓肿腔内注入青霉素。全身可应用青霉素、头孢类药物，以防发生败血症。愈后不宜再用作繁殖母兔。

参考文献

[1] 段栋梁等.图说家兔养殖新技术.北京：中国农业科学技术出版社，2012.

[2] 王彩先等.图说兔病防治新技术.北京：中国农业科学技术出版社，2012.

[3] 任克良.兔病诊断与治疗原色图谱.北京：金盾出版社，2012.

[4] 谷子林等.中国家兔产业化.北京：金盾出版社，2010.

[5] 段栋梁等.肉兔标准化规模养殖技术.北京：中国农业科学技术出版社，2013.